淡水漁業指導所夢物語

日本の最先端の研究室

——宮崎から世界へ！
養殖に賭けた男たちのロマン

中川　豊
Yutaka Nakagawa

牧歌舎

はじめに

宮崎の赤江地区の中央にある稲荷山の下に、かつて大きな池とバラック建ての事務所が存在した。その事務所が「宮崎県淡水漁業指導所《たんすいぎょぎょうしどうしょ》」である。名前の奇縁から始めよう。みんなはこの研究機関を素っ気なく「淡水」という略称で呼んでいた。

「淡水」といえば、ゴルフ好きの人であれば、すぐに台湾の「淡水ゴルフ場」を思い起こすであろうが、私たちの物語の主要な舞台となるこの指導所は、日高武逵《ひだかたけみつ》氏という稀有な人物によって設立されたものだと言ってよい、名前のこじつけ以上の縁を申せば、この日高さんはかつて台湾の水産研究所に勤め、顕著な業績を上げておられた。ゴルフのことは知らないが、この人を始めとして焼酎がめっぽう強く、さらに数字にも強い人たちによって戦後すぐ造られたのが、「宮崎県淡水漁業指導所」である。

旧宮崎市の南側の縁辺に赤江地区があり、一般には飛行場と航空大学があることでよく地名が知られている。そのほぼ中央にあるのが稲荷山。昭和23年、「宮崎県淡水魚指導所」はその稲荷山の麓において発足した。

ここは役所といっても最初から自立志向で、独立採算制の組織だった。コイ仔やウナギのクロコを養殖で作り、近隣市町村の養鯉業者や各河川の漁業組合に生産物（稚魚）を売って歳入を上げ、職員の給料は県から支給されていた。当時はこういう形態の、県の出先のような役所がいくつもあった。

しかし淡水魚の試験場としては、当時大阪・寝屋川の水産試験場と並び称されるほど全国有数の位置にあり、内水面漁業に従事しているものにとっては、赤江の「淡水」は知らぬ人もいないくらい有名であった。

役所の中は、所長と3つの係があり、先ず事務・給料を取り扱う「庶務係」が、係長1名、主事が2名、技術員1名（運転手）、用務員1名、河川の調査・放流を取り扱う「指導係」が係長1人、技師が1名、養殖・養魚指導をする「調査係」が係長が1名、技師が3名、技術員が1名と用務員が2名から成り立っていた。

ここを「淡水の本所《たんすいのほんじょ》」と呼び、出先の施設として「淡水漁業指導所《たんすいぎょぎょうしどうしょ》・小林総合養魚場《こばやしそうごうようぎょじょう》」と「米良《めら》養魚場」と「都城《みやこのじょう》養魚場」の3つの養魚場を抱えていた。かつて「淡水」が最も繁栄した時代はこれらの3つの養魚場のほか、高千穂町《たかちほちょう》養魚場、東郷町《とうごうちょう》養魚場、小野人造湖《おのじんぞうこ》事業所と併せて6つもの養魚場を持つ大指導機関であった。

目次

淡水漁業指導所夢物語

——宮崎から世界へ！　養殖に賭けた男たちのロマン

1．淡水の本所

淡水《たんすい》の本所《ほんじょ》の施設構成を説明する。赤江《あかえ》の稲荷山の下に第一養魚場があり、ここには事務所、倉庫、車庫、調餌室、管理室の外に側面がコンクリートで池底が泥池の8面（水面積9110㎡）、ふ化池（水平面66㎡）を持っていた。また第二養魚場は第一養魚場から国道220号線を3㎞ほど南下した所に管理舎と側面がコンクリート張りで池底が泥池の8面（水面積3083㎡）に物置や小さなふ化池、シラスウナギの餌付けをする小さな池が3つほどあった。

本所の事務所で行われる庶務の仕事は職員の管理、職員に給料を払うこと、出張中の時間に基づく賃金の計算や、当直をした宿直費等の支払いに、独立採算制なので歳入の仕事と年度末の予算編成が主な仕事であった。当時はコピー機がなかったので、出版物はすべてガリ版と鉄筆で書いて謄写版で刷り上げなければならなかった。

河川調査や放流を取り扱う指導係が最も力を入れていたのが河川放流計画で、アユ、コイ、フナ、ウナギ等の放流事業をしていた。また延岡の五ヶ瀬《ごせ》川におけるアユ産卵場調査や一ツ瀬ダムにおける陸封《りくふう》アユの調査などが主な仕事であった。

養魚や養魚指導をする調査係は、本所の第一養魚場を使ってコイ仔や新仔の生産を行い、近くの灌漑用溜池《かんがいようためいけ》を使って食用ゴイの生産を手がけていた。第二養魚場ではウナギの養中《ゆうちゅう》や成鰻《せいまん》にブルーギルの稚魚の生産を行っていた。その他澱粉工場排水の調査に河川における魚類のへい死原因調査等も行っていた。本課の水産課や国の「淡水区水産研究所《たんすいくすいさんけんきゅうじょ》」に関連の養魚場との連絡調査もここ「淡水」の本所で行っていた。

2．小林総合養魚場

「淡水」の本所の次に大きかったのが小林総合養魚場《こばやしそうごうようぎょじょう》で、冷水性魚類の試験及び養魚指導を行っていた。ここは霧島山系から流れ出る豊富な湧水を利用して、アユ、ニジマス、ヤマメの種苗生産に取り組み、のちに「アユの成熟統御と人口採卵」で宮崎日日新聞社科学賞を受けている。

ここ小林総合養魚場は1人の主任と2人の技師のほか、事務の主事1人と用務員5人で運営されていた。また小林総合養魚場は使用水が湧水のため、周年を通して水温が一定（16℃～17℃）でニジマス、ヤマメ等の採卵を行うために西米良村《にしめらそん》に米良養魚場《めらようぎょじょう》を持っていた。

米良養魚場は用務員1人で運営されていて、ニジマス、ヤマメの採卵で忙しいときは、小林総合養魚場から職員が泊りがけで加勢に出かけていた。

小林総合養魚場は昭和30年に工事に着工し、昭和31年に開設されている。また出《いで》の山《やま》の溜池の畔には、小林の養魚場ができて3～4年後に初代の主任の鮫島《さめじま》氏が淡水漁業指導所の初代所長日高《ひだか》氏の命を受けて当時、日南の日本

小林総合養魚場跡

上左：小林総合養魚場の大釜　右：同 餌場、下左：同 撹拌機　右：同 ミンチの機械

パルプを定年退職した坂本宇三郎《さかもとうさぶろう》氏のために造ったと思われる「いこいの家」がある。その「いこいの家」に続いて「池見荘《いけみそう》」や「鯉《こい》の茶屋《ちゃや》」、「ヤナ」、「出の山荘」が次々にでき、ここでは小林総合養魚場《こばやしそうごうようぎょじょう》で作り出したコイや他の淡水魚の料理を出していた。小林の養魚場が手がけた主な試験は、⑴ニジマスの飼料開発、⑵ヤマメの完全養殖、⑶アユの採卵技術の開発、⑷高温マスの作出、⑸つりぼり運営、⑹食用ゴイのドロ抜き、等であった。

1番目のニジマスの飼料開発では、当時はまだ完全配合飼料というものがなく、試行錯誤しながら研究が進められた。淡水漁業指導所の本所でも同じウナギの餌を作るのに毎日私たちはミゼットで大淀川《おおよどがわ》の河畔にあった日本冷凍KKに通ってトロバコに入った冷凍アジを運んできて、第一養魚場で木のドンチョで小さく叩き割って大きなミンチの機械にかけてできたミンチと当時市販されていた魚粉を混ぜてドロドロのウナギの餌をトタンで作った餌箱に入れて第二養魚場へ運ぶのが日課であった。

小林では、大きな釜にお湯を沸かして、その中に選別された生きた雄のヒヨコを入れて毛を剥き取りそれを大きなミンチにかけてマスの餌を作ったものと思われる。またゆでタマゴの白身は食べて黄身だけをガーゼに包み、竹の先につけてそれで水面を叩くと黄身が細かくなって出るので、それをニジマス稚魚の餌としたり、と殺場から牛や馬の肝臓を貰ってきてそれをミンチにかけてドロドロにしてニジマスに与えていたという。

２番目は「ヤマメの完全養殖法の確立」であるが、これは小林総合養魚場ではなく、米良《めら》養《よう》魚場《ぎょじょう》において行われた。養魚場の横を流れている石堂川《いしどうがわ》から自然産卵したヤマメの卵を、昭和42年に９５００個集めて、昭和43年には１８００尾の「米良系ヤマメ」の稚魚を得ている。これが継代培養されてニジマスの採卵と並びごく最近までこの養魚場の大きな仕事となっていた。また昭和43年には「東京都水産試験場奥多摩分場」からヤマメの発眼卵１万５０００粒を購入して米良養魚場で飼育した結果、昭和44年には８２００尾の奥多摩系ヤマメの稚魚ができている。

３番目は「アユの採卵技術の開発」であるが、「アユの成熟統御と人口採卵」では宮崎日日

上左：溜池のコイ釣り　右：死んだ魚を焼く釜（小林）
下左：アユの短日処理施設　右：小林総合養魚場の事務所

新聞社科学賞を受けたほどの熱の入れようであった。

4番目は「高温マスの作出」である。初代主任の鮫島《さめじま》氏が、風呂の中でも生息できるニジマスができるのではないかという、まことにとっぴな素人的な発想で取り組んだのが、この宮崎の高温マスなのである。このような常識を覆そうとする試験は、そうそう一朝一夕《いっちょういっせき》にはでき上がらない。まず中部の長野県や関東の静岡県から取り寄せたニジマス卵を宮崎で何代か養ううちに、宮崎の自然風土に適したニジマスができ上がる。努力して水温25℃でも飼を食べて成長するニジマスを作り上げたのである。

5番目は「つりぼり」であるが、出の山に来る観光客に釣竿と餌を与えて池のニジマスをつらせていた。釣ったニジマスは目方を量ってお金をもらい、お客様は魚を持ち帰るシステムだった。なぜ公務員がこんな仕事をするかというと、当時の役所は独立採算制で収入源として釣堀を営業していた。観光客も多くかなりの収入が得られたものと思われる。此のほか収入源としては「ニジマスの発眼卵」や「ヤマメの発眼卵」、そしてニジマスの稚魚やヤマメの稚魚を県内外の養鱒業者に売っていた。

6番目は「食用ゴイのドロ抜き」であるが、宮崎地区の灌漑用溜池で生産された食用ゴイはそのまま「鯉の洗い」や「鯉こく」にするとわずかではあるが料理にドロ臭さが残る。これを我々は「ヒエ臭い」と言っていたが、この鯉を小林の湧水に1週間も生かすと完全にそのドロ臭さが消えてしまう。その鯉を料理すると別の魚ではないかと思われるようになる。此の美味しい自慢の鯉を、周囲の料理店へ卸していたのである。

これらが、小林総合養魚場で行っていた主な仕事であるが、当時は研究所であるから、「これら多彩な仕事について業務報告書」を書くのも大変な作業ではあった。

3. 米良養魚場

宮崎県淡水漁業指導所小林養魚場と言えば、今は、ああ、あのチョウザメの泳ぐ「出《いで》の山《やま》」の試験場かと思われる人が多いと思うが、その小林総合養魚場よりも古くから開設されている米良養魚場《めらようぎょじょう》が西米良《にしめら》村の上米良《かんめら》槙《まき》の口《ぐち》にあったことは殆ど知られていない。

しかしごく少数の人々は、九州山脈の山の中に「米良養魚場」というものがあって、50～60㎝もある巨大なニジマスを養っていることや、米良養魚場がある石堂川《いしどうがわ》では天然のヤマメが釣れることをよく知っている。

米良養魚場では、昭和14年に延岡市土々呂《ととろ》にあった国立水産研究所、元南海区水産研究所から宮崎県水産試験所に移管されている。淡水漁業指導所が発足するよりも8年も早くからマス類の研究に携わっていたことになる。

米良養漁場は私の知る限りでは、浜砂安男《はますなやすお》氏が1人でニジマスの飼育をしていた、職名は昭和39年までは「雇」で

奥多摩ヤマメ

昭和40年からは「用務員《ようむいん》」として昭和41年3月まで勤めている。昭和41年からは浜砂安男氏には子どもがなかったので、親戚から取り婿、取り嫁をして、養子になった那須忠一《なすちゅういち》氏が浜砂忠一氏となり、米良養魚場の業務を引き継ぐこととなった。

淡水漁業指導所の業務報告書によると、昭和34年に県外より移入したニジマス発眼卵でニジマス春仔、秋仔及び食用ニジマスの養成を行っている。県外の何処から種卵《しゅらん》を入れたかというと、長野県水産指導所より10万粒、長野県田沢養鱒《ようそん》場から20万粒、岐阜県堤養鱒場より30万粒、合計60万粒を米良養魚場が受け入れている。これらのニジマス卵より43万尾のニジマス稚魚を作っているが、当時はニジマス稚魚用の配合飼料がなかったので、鮮魚を主体に粉乳（脱脂粉

米良養魚場　浜砂忠一さん

米良養魚場　上ノ薗静雄さん

乳）、肝臓（と殺場に行って牛の肝臓をもらってくる）、ヒナ肉（ひよこの雄を熱湯に浸けて羽を取り肉をミンチにかけたもの）、エビ粉（オキアミ等の粉）、サナギ（蚕が作る繭《まゆ》から生糸をとったもの）、干しアミ、魚粉等を使用している。このような餌で苦労して作ったニジマス稚魚は、県営の高千穂養魚場へ1・3万尾、県営の都城《みやこのじょう》養魚場に1・3万尾、大分県九州林産山下《やました》養魚場に3万尾と県下の漁業協同組合に河川放流用として15万尾を配布した後、小林総合養魚場でニジマス食用魚生産用に16万尾が用いられている。

私が県に入った昭和40年には、先進県の岐阜県やその他の県で原因不明の疾病がニジマス春仔に発生して大変困っていた。また昭和41年になると、小林総合養魚場は長野県や滋賀県から150万粒ものニジマス卵を移入しているが、このあたりからニジマス稚魚用クランブルが開発されて、従来の自家配合飼料に代わってニジマス稚魚を養っている。ちなみにこの年の稚魚の歩留まりは21～45％であった。昭和39年に他県から購入した発眼卵に不明病が発生したが、昭和43年に「伝染性膵臓壊死症《でんせんせいすいぞうえししょう》」と命名されて原因はウイルスであることが判明している。

また昭和42年は国の「淡水区水産研究所日光支所」から「ヒメマス」の発眼卵1万粒を購入してその年の10月には14ｇの稚魚3500尾を作って小林総合養魚場に引き継いでいる。

ヤマメに関しては昭和43年時点で1800尾を飼育して、昭和44年には954尾になっている。昭和43年には「東京都水産試験場奥多摩分場」からヤマメの発眼卵1・5万粒を購入して

3．米良養魚場

米良養魚場で飼育した結果、昭和44年には82000尾の奥多摩系ヤマメの稚魚ができて順調に飼育している。これらが米良養魚場の仕事であるが、忙しい時期（ニジマスの採卵時等）には小林から職員が泊まり込みで加勢に出て行っていた。

4. 都城養魚場

都城《みやこのじょう》の北諸《きたもろ》地方はいたる所に湧水《ゆうすい》が豊富で養魚に適する所が多く、しかも鯉の餌料であるサナギは都城市内の製糸工場で入手できる等、養魚の好条件に恵まれていた。明治41年に都城下《しも》長飯《ながい》に「県養魚場」ができて養魚熱が高まっていた。この当時は主として止水式の雑魚養成（金魚、フナ、コイ等）で食用ゴイの生産は微々たるものであった。

昭和7年に都城の一業者が先進地である群馬県の「田中式流水養鯉《ようり》」を取り入れ小面積で多収穫を揚げたので年々流水式養鯉業が盛んになった。昭和10年から15年頃までが最も盛んで養鯉業者数も１４０業者余となったが、その後は戦争により飼料の入手が困難になり次第に衰退して戦後はわずか30余名が辛うじて継続していた。

ところが昭和30年代に入って淡水魚の需要が急激に増加したため供給量が不足するようになり昭和32年に都城市郡元《こおりもと》に淡水漁業指導所都城養魚場が新設され養殖業の振興にのりだした。流水式養魚については種苗《しゅびょう》となる中羽鯉《ちゅうばごい》（半仔《はんこ》）の生産と止水式養魚では種苗（鯉仔《こいご》）の生産と冷水性魚類ニジマスの養殖の指導を行っていた。

都城養魚場は昭和31年に「早水《はやみず》神社」の一角に開設され、鱒仔の養成及び鯉半仔の養成、養

4．都城養魚場

魚指導とこれに伴う各種の調査及び研究を行っている。その後の昭和45年の水産試験場機構改革によりこの養魚場は都城市に移管されている。

5. 高千穂養魚場

この養魚場は昭和33年度に完成した。開設の趣旨はマス卵及びマス仔を生産し、県北地方の河川放流用と養魚用の種苗を供給し、養魚と河川魚類の増殖で山間地帯住民に蛋白質摂取に役立ち、さらに養魚場施設がこの地方の観光面にも貢献できるよう設立されたが、設置後まもなく高千穂《たかちほ》町営上水道が設置されたため、水源に大きな制約を受ける結果となった。その後は当初の目的より離れ、小林総合養魚場より食用マスを移放したり、水源の豊富な年はマス稚魚を放養して飼育し、そこは観光に役立てていた。

たぶん県がここを管理したのは昭和39年度迄で、昭和40年からは高千穂養魚場《たかちほようぎょじょう》は高千穂町が経営する町営養魚場となった。県から出向していた深田《ふかだ》技師は淡水漁業指導所の本所の方へ帰ってくることになった。

高千穂養魚場

6．東郷養魚場

東郷村山陰《やまげ》に昭和6年に設置された東郷養魚場《とうごうようぎょじょう》はコイ仔の養成配布と養魚指導を行っていた。この当時のコイ仔作りにはシジナ（イトミミズのこと）小麦粉、麦糠、蛹粉（蚕の繭から生糸を取り除いた蛹の粉）イサザ（乾燥エビのこと）等がコイ仔の餌として使われていた。

昭和39年度に県の養魚場としての役目は終わり、昭和40年からは東郷町が運営するようになった。

7. 宮崎日日新聞社科学賞

長い間、研究者を続けていると社会的に何か重みのある表彰を受けることは誠に晴れやかなことで、しかも自分が研究した成果を一般の人が認めてくれることは仕事にもやりがいがあるというものである。

宮日賞を受賞した頃の小林分場

毎年11月になると宮崎日日新聞社が県内の優秀な団体あるいは個人に、その優れた業績に対して表彰を行っているが、小林分場も昭和46年に宮崎日日新聞社科学賞を受賞している。県内の水産関係者で今までにこの賞を受賞したのは、元内水面漁連会長と、五ヶ瀬《ごせ》町のヤマメの里の秋元始《あきもとはじめ》氏と小林分場の3例ほどで、あれほど多くの研究が水産でされているのに、なかなかもらえるものではない。

小林分場の受賞の内容は、「アユの成熟統御と人工採卵」という研究で、簡単にいえば「アユを短日処理することで成熟させ、それを人工採卵して一年中いつでもアユの種苗を造ることができる」という方法である。この当時としては実に画期的な研究であった。

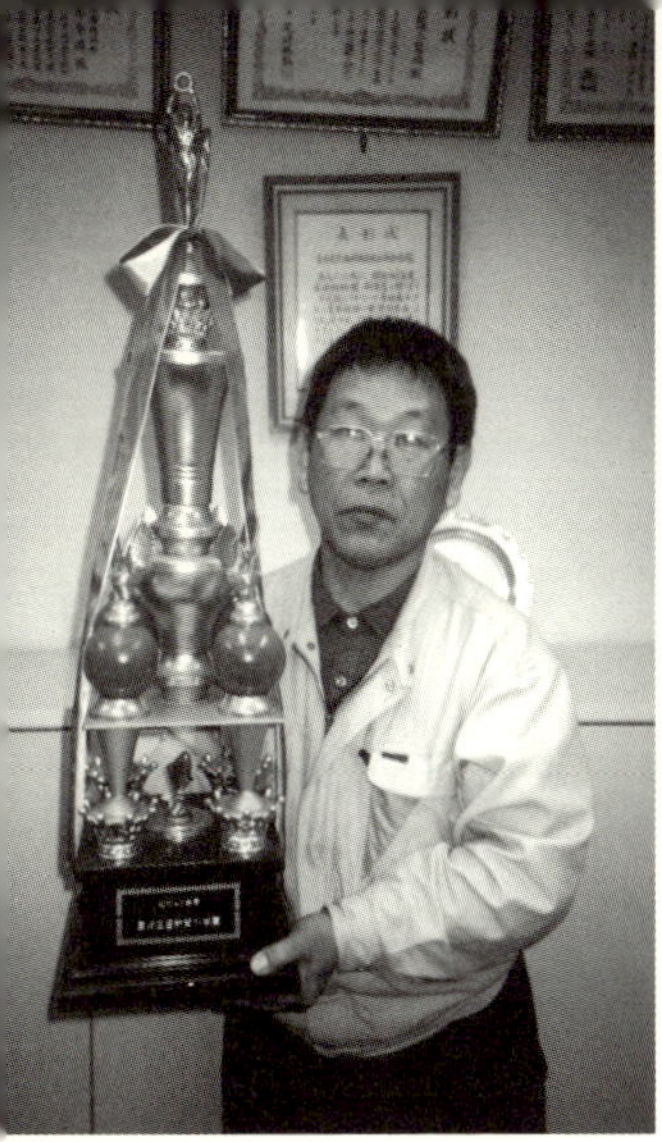

▲宮崎日日新聞社科学賞の功労者(左)：石橋さん

◀小林分場の宮日賞のトロフィー

日本人好みの風味を持つアユを、季節によらずいつでも作り出せるという方法を編み出したのは、小林総合養魚場の石橋《いしばし》氏で、アユの研究をしていく上で最初に手掛けたのが、人工養成親魚からの採卵方法であった。

出《いで》の山《やま》の湧水は養成親魚の成熟を促すのに大変便利で、良質の珪藻《けいそう》を作り出すので、養成アユを薄く池の中で養っておけば良質の卵を持つアユ親魚が作りだされる。これを一般的な淡水魚の乾導法を用いて採卵すれば、何とか受精卵がとれる。これをシュロの皮に着けて流の中に浸けておけば、7日で発眼し、14日でふ化することが確かめられて初めて人工採卵のふ化稚魚が得られるようになったのである。

次にふ化した稚魚に与える初期の餌料を探し始めたが、いまだにアユの初期餌料はワムシしかなく、石橋氏もワムシを作ることに必死になった。海産ワムシであれば、シオミズツボワムシがかなり多く作られていたが、出の山の山

上：淡水産クロレラ　下：石橋さん

中では淡水産ワムシしか作りだせない。ワムシの餌である淡水産のクロレラを大量に長期間保つことは、この当時としては不可能に近かったので、彼はワムシの餌として完全に腐らせた魚の汁をワムシの餌に用いた。魚はニジマスが豊富にあったので不自由はしなかった。まず魚を腐らせる瓶を幾つも場内のあちこちに埋めて、その中に死んだ魚を入れて腐らせた。

ところが夏になると草が生えて瓶の埋めてあるところを覆ってしまうので、この研究と関係のない女の事務員さんが、埋めてある瓶の中に落ち込んでしまった。確かにワムシを湧かせるには魚の腐った汁は大変に良いのだが、その臭いはそれを嗅いだひとでないとわからない。人の服や皮膚に着いたらその臭いたるや何日も取れない。その糞壺というか瓶の中に落ちたのだから大変な騒ぎで、頭の上から水をどんどんかけて服を脱ぎ変えたがとてもそのくらいのことでは取れる臭いではなかった。臭いがとれるまでに数日かかったという話だ。

こうして苦労してやっとアユの初期餌料の淡水ワムシを作り出し、ふ化した稚魚にワムシを与え始めたのである。最近でこそワムシやアルテミアに代わる新しい配合飼料が開発されてふ化稚魚から配合飼料で飼育することが可能になったのである。この当時は、コイやニジマス、アユの成魚の飼育用の配合飼料がやっと開発されたばかりで、初期餌料の研究などは夢の夢であった。

そこで彼は考えた末、思いついたのが鶏の卵であった。これをゆで卵にして冷やしてから白身は自分で食べ、中の黄身をガーゼに包み、竹の先に吊るしてこの汁を作った淡水ワムシを与えたのである。

このような努力のもとに彼が「淡水」だけで5〜6尾の稚アユを作り出すことに成功している。我々の研究段階では1尾でも目的とする魚を作ることができれば、それは大成功なのである。彼はその後、海のほうの水産試験場に転勤となり、今度は海水を使っての稚アユの生産に力を注ぐようになり、これがもとになって、宮崎県のアユ種苗の大量生産のマニュアルが作り出されるようになった。

実際に宮崎日日新聞社科学賞が、小林分場に授与されたのは、彼が転勤になった後のことで、彼の研究を引き継いだ森《もり》分場長と谷口《たにぐち》主任がその栄えある賞を受賞している。

8．公用で海外出張

これは私が生まれた頃の話で、また聞きによる話ではっきりしたものではない。まだ「淡水」もできていない頃で、その当時青島《あおしま》にあった水産試験場の淡水魚養魚池として後の第二養魚場があった。

第二次世界大戦がはじまったばかりで、国民の蛋白質源を増やすことが真剣に考えられた時代で、どうにかしていつの時代でも金がかからずに養える魚はないものかと考えたのであろう。そんなに人に都合のいい魚はいるはずがない、と考えるのが普通の人である。これはずっと後の時代の話だが、ネパールから来た研修生が私に、ネパールでは国民1人あたりが1年間に食べる魚（蛋白質）が非常に少ないと言い、彼はこれはネパールでは魚の量自体が非常に少なく、日本のように養殖で魚を増やすには魚に食べさせる飼（配合飼料）を作る工場もなく、魚粉を仕入れるにはあまりにも海から遠いからこれも難しい、それでこれを補うには飼をやらなくても育つ魚はないかという質問をしてきた。

そんな人間に便利な魚はいるはずがない。養魚というのは安くて大量に手に入る魚を人間の都合のよい魚に変えることであって、魚で魚を作るのが養魚だというのが持論であった私は、そんな魚があればこっちが教えてほしいと言った。彼はそんな条件を満たす魚があると言った。その魚の名は「ソウギョ」だという。なるほどと考えさせられたことがあった。

話を元に戻すが、この時代の研究者もソウギョなら草で育つし、十分国民の蛋白源になると思ったのであろう。中国の揚子江《ようすこう》を少し上がった中国の試験場から、ソウギョを運ぶことを考えた人がいたらしい。当時の日本は大東亜《だいとうあ》共栄圏《きょうえいけん》を目指して近隣のアジア諸国に進出していた時代であったから、隣りの中国から魚を運ぶくらいのことは何でもなかったのであろう。早速、公用で輸送船をチャーターして、中国の揚子江を遡った所からソウギョを宮崎へ運ぶのだが、その公用出張で乗っていた平島重穀《ひらしましげき》さんの話によると、東シナ海は既に敵潜水艦が出没し、気の抜けない船旅で、輸送船でも魚雷攻撃をされる可能性もあり、ひょっとするとソウギョとともに東シナ海の海の藻屑《もくず》と消えるかもしれないという、怖さがあったという。その恐怖とともに、最初のソウギョが宮崎へ持ち込まれたのである。

終戦後は、埼玉県水産試験場が利根川《とねがわ》のソウギョやハクレンから採卵して各県の水産試験場にソウギョの稚魚を配布するようになり、宮崎県もこの配布をうけるようになった。ある年は、大淀川《おおよどがわ》の第2発電所のある旧高岡町《たかおかちょう》の「轟《とどろき》ダム」にホテイアオイが繁殖しすぎて、これを絶やすために埼玉県からソウギョの稚魚を多数移殖した。

中国人やネパール人は、このソウギョの唐揚げは大変なご馳走であるが、日本人はソウギョは捕って食べないので、時々とてつもなく大きなソウギョが捕れて新聞紙上をにぎわすことがある。このようにして、中国から宮崎へ入ったソウギョは、その後は埼玉県水産試験場で種苗生産が盛んになった。種苗が宮崎に配布されてコイ養殖の灌漑用溜池の雑草や、ダムなどの雑草の駆除に使われたが、溜池で育ったコイの洗いとともに、ソウギョの洗いを食べてみたが、コイの洗いよりは劣るものの、食べられないというものではなかった。ソウギョは、油で揚げて餡かけにしたものが一番だと思う。

9．宮中に召されたハゼ

日本の皇室は魚について非常に詳しいということは水産界では常識である。それだけにめったなことは言えないのである。今の天皇陛下がまだ皇太子であったころ宮崎を訪れると必ず決まって水産試験場の専門家は足止めをさせられていた。というのは昼間の公式の行事が終わると必ず夕食をお召し上がりになった後に水産試験場の専門家を呼んで魚の話を始められるのがいつものパターンであった。

当時の皇太子は水産学会の会長でありしかもハゼの研究においては日本の第一人者であるからなかなか下手なことはいえず呼ばれていく専門家も勉強をしなくてはならなかった。しかも呼ばれていって席が設けてあってすぐに話し合いが始まるといったものではなく皇太子がお見えになるまで1時間ぐらいは控えの間でじっと待たねばならないというのが普通でなかなか簡単にものを教えるというわけにはいかなかった。

ある時、話が「シラスウナギの話」になって、藤原《ふじわら》氏がシラスウナギ漁についての話を申し上げていたところ、皇太子が「シラスウナギが取れる夜」というのはどのような時ですかとご質問されたらしい。一般の学者であればそれは満潮の時が夜の8時くらいになる夜で、満潮になる少し前から上げ潮に乗って素麺みたいなシラスウナギが川沿いに列を作って上がってきますと言う。ところが藤原《ふじわら》氏はお父さんが漢学者であったくらいの人で、これはしたり自分の得意とする分野だと思ったのであろう。シラスウナギは11月、12月、1月、2月の冬の夜で、しかも満潮時が夕方の6時から10時くらいに当たる時に黒潮で沿岸の砂地まで運ばれてきたレプトケファルスがシラスウナギに変体して上げ潮に乗って川口を上がってくるのです、しかし北風がピューピュー吹く寒い夜よりもやや寒さが緩み大淀川の川縁にもアベックがちらほら現れるような夜の方がシラスウナギが沢山あがってきます、と答えたらしい。なにしろ相手が皇太子である。下々のアベックのことまで判るであろうかと心配していたところ、そうですかとニコニコした顔をなさったということである。後で県の農政水産部の水産担当次長が皇太子にアベックの話ができるのは藤原君ぐらいだろうと言って高らかに笑ったそうだ。

シラスウナギであればこれくらいの話で終わるのだが、ハゼの話になるとまた別である。皇太子が宮崎の一《ひと》ッ葉《は》の海岸でハゼを研究されていたとき、とあるハゼを見つけられてどうもそれがいままで命名されたことのないハゼだったらしい。何しろ公務のお忙しい合間を見ての研究なので正確に命名できるだけの十分な研究はできない。そこでこのハゼを皇居に数尾持って来るように言われたのであろう。

当時の熱田所長は、白木の箱を早速作ってきて、その中に標本瓶に入れたハゼを詰めて東京へと出張した。東京から帰って来た所長は、あまりハゼについての話はしなかった。察するに、宮内庁の役人が応対に出てきて、それでは預かって、皇太子の方へ渡しておくからと、適当にあしらわれたのであろう。その後も皇太子がシカゴ市長からいただいてきたブルーギルを、東京日野市にあった淡水区養殖研究所から貰ってきて宮崎の川や湖に放流したり、宮崎で開かれた「植樹祭」にお見えのときは宮崎県庁で珍しい魚をお見せしたりした。また都城市で開催された全国高校総体に出席するためにお見えになった秋篠宮《あきしのみや》ご夫妻に、チョウザメをお見せするなど、「淡水」の古い時代から皇室とは浅からぬ縁があった。

10. シラスウナギ

ウナギといっても色々な種類がある。日本ウナギと言われているアンギュラ・ジャポニカはフィリピンの南東海上で産卵して、ウナギの幼体レプトケファルスという柳葉《やなぎば》状のウナギが黒潮に乗って中国沿岸から日本各地の河口にたどり着くと、ウナギに変態し早いものは11月頃から年明けの4月頃まで河川を遡上するのがマッチの棒くらいの「シラスウナギ」である。このシラスウナギが高値のときは1kgが70～100万円もするというから、別名、〝白いダイヤ〟ともいわれていて暴力団が資金源としてこのシラスウナギを密漁で捕ろうとしていた。

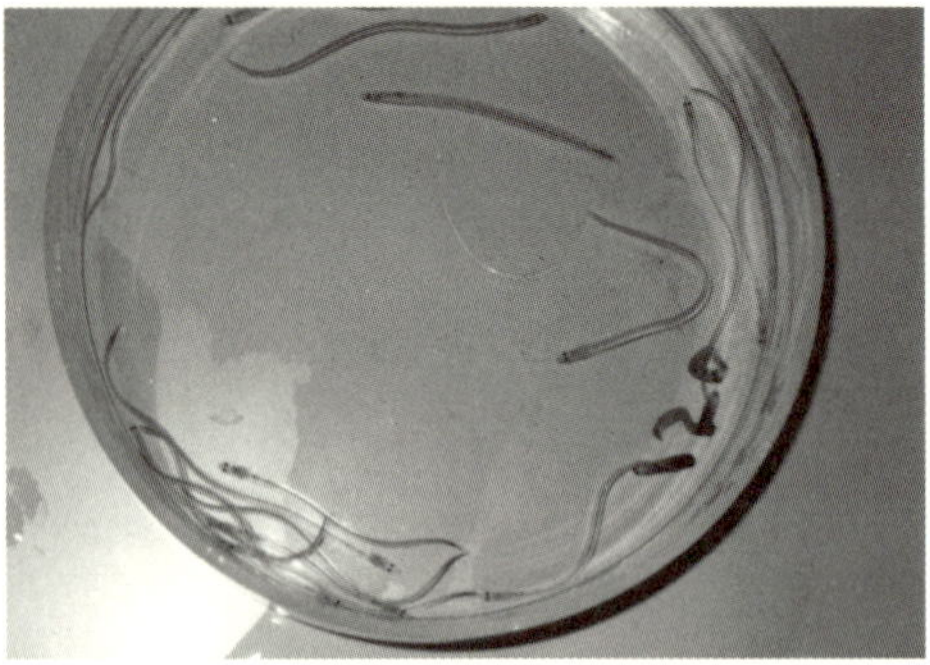
シラスウナギ（アンギュラ・ジャポニカ）

　このシラスウナギは潮が満ちてくるときに満ち潮に乗って河川を遡上する。その満ち潮が夕方から夜中の0時くらいに来るときと、朝潮といって午前3時くらいから5時くらいに満ち潮になる場合があり、シラスウナギはこの上げ潮に乗っ

シラスウナギの採捕

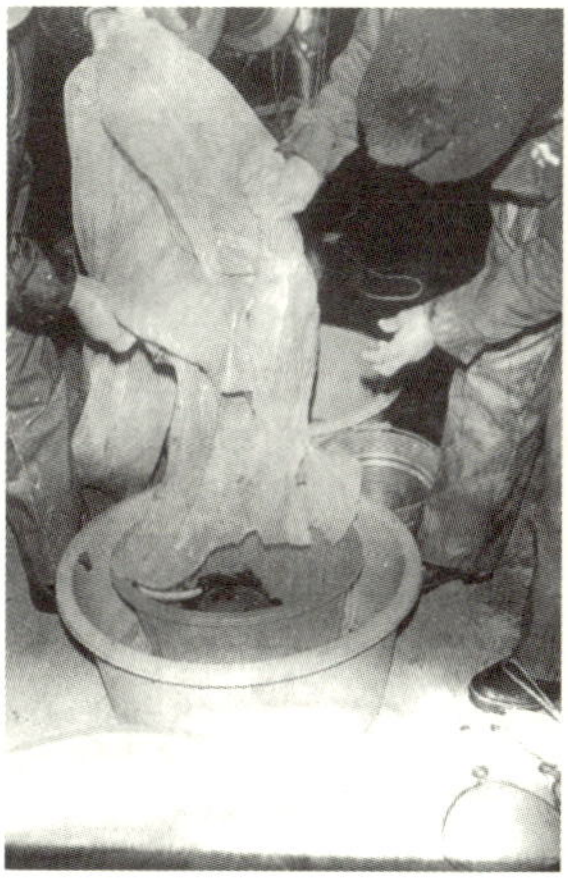

採捕されたシラスウナギ

てくる。

シラスウナギを捕るには、宮崎県知事の特別採捕許可書が必要で、これは各河川の組合に何名という実績と照らし合わせて宮崎県水産課のほうから許可を出していた。しかし許可を受けたからと言って地獄網等で一網打尽にシラスウナギを捕っていいというものでもない。

かってはカーバイトランプを焚いてシラスウナギが火に集まる習性を利用して手すくい網で1尾づつすくいとっていた。いまはカーバイトの代わりにバッテリーの付いた電灯を使う。いまでこそ沢山のシラスウナギが捕れないものの、かってはまだ県内に養鰻業者が1~2名であった頃は、我々は大淀川でシラスウナギを捕って、捕ったシラスウナギはそのまま上流の河川に放流をしていた。そのときは一夜で一人が多いときは8kg、少ないときでも3~4kgは捕れていた。

その後、養鰻業者も少しづつ増えてシラスウナギの需給調整がなされ出し1kgが2~3万円の値が付き出すと、河川の組合員が黙っておらず、この大淀川は俺達しかシラスウナギを採捕できない、だから「試験的にシラスウナギを採捕するのはやめて欲しいと」言い出した。それで我々も黙っておらず、それなら未利用河川の資源の有効利用という名目で大淀川以外の河川、八重川《やえがわ》や清武川《きよたけがわ》、加江田川《かえだがわ》へのシラスウナギの採捕にのりだした。

八重川では、シラスウナギの採捕に行った12月のある晩のこと、八重川の川面一面にミミズみたいなものが、それはものすごい数で流れ下っていく光景が見られた。

よく見るとそれは魚釣りに使うゴカイで丁度そのときが繁殖期なのか、その数たるやおびただしいものであった。

また加江田川では苦い思い出がある。いつものとおり夕方から役所の3人の人達を三菱コルトのライトバンに乗せて加江田川へシラスウナギを捕りに出かけた。たまたま潮が良くなかったので河口の方へ車を走らせた。すると河口近くの水門の所で2つの光が見えて何か人影が動いている様で、車を降りてよく見てみると確かに2人の男が黙々とシラスウナギをすくっていた。

これは密漁で宮崎県内水面漁業調整規則違反だと思ったが、何しろこちらは取り締まる権利も密漁者を捕まえる権利もない。そこで年上の佐藤《さとう》さんが俺が近くの派出所の警官に知らせるからお前は2人が逃げないように見張っていてくれと言って加江田の派出所の警官を呼びに行った。

佐藤さんが警官を呼びに行っている間、非常に長かったが下の2人は何食わぬ顔でせっせとシラスウナギをすくっていた。30分もすると佐藤さんが警官を連れて帰ってきた。まだ下の2人はいるかと聞くと、私の返事を待って警官は下の男らに向かって「そこの2人上がって来い」と何度か怒鳴りつけた。暫くたって彼らがしぶしぶ土手の上にあがってきた。警察官が2人に向かって「ここで何をしているのか」と聞くと、口をそろえてハゼを捕っていたんだと言う。見るとなるほど魚を入れるカンの中でハゼがピンピンしていた。しかし警官も馬鹿ではない、カンの上のフタをはずすとカンの下にシラスウナギが10~20尾泳いでいた。すかさずこれは何だと警官、2人はシラスウナギがばれると今度は居直って「何でシラスウナギを捕って悪いのだ。自然の川に上がってくる魚を、何故捕ったらいかんのだ」と言い出した。

大量へい死したヨーロッパウナギ

警官は「ともかくシラスウナギを捕ったら違反だ、住所と名前を言え」と詰め寄った。今度は2人が「住所は宮崎市橘通1丁目1番地、名前は宮崎太郎、私は宮崎次郎です」と白々と言ってのけた。警官も怒り出して「ここでは話にならん。ともか

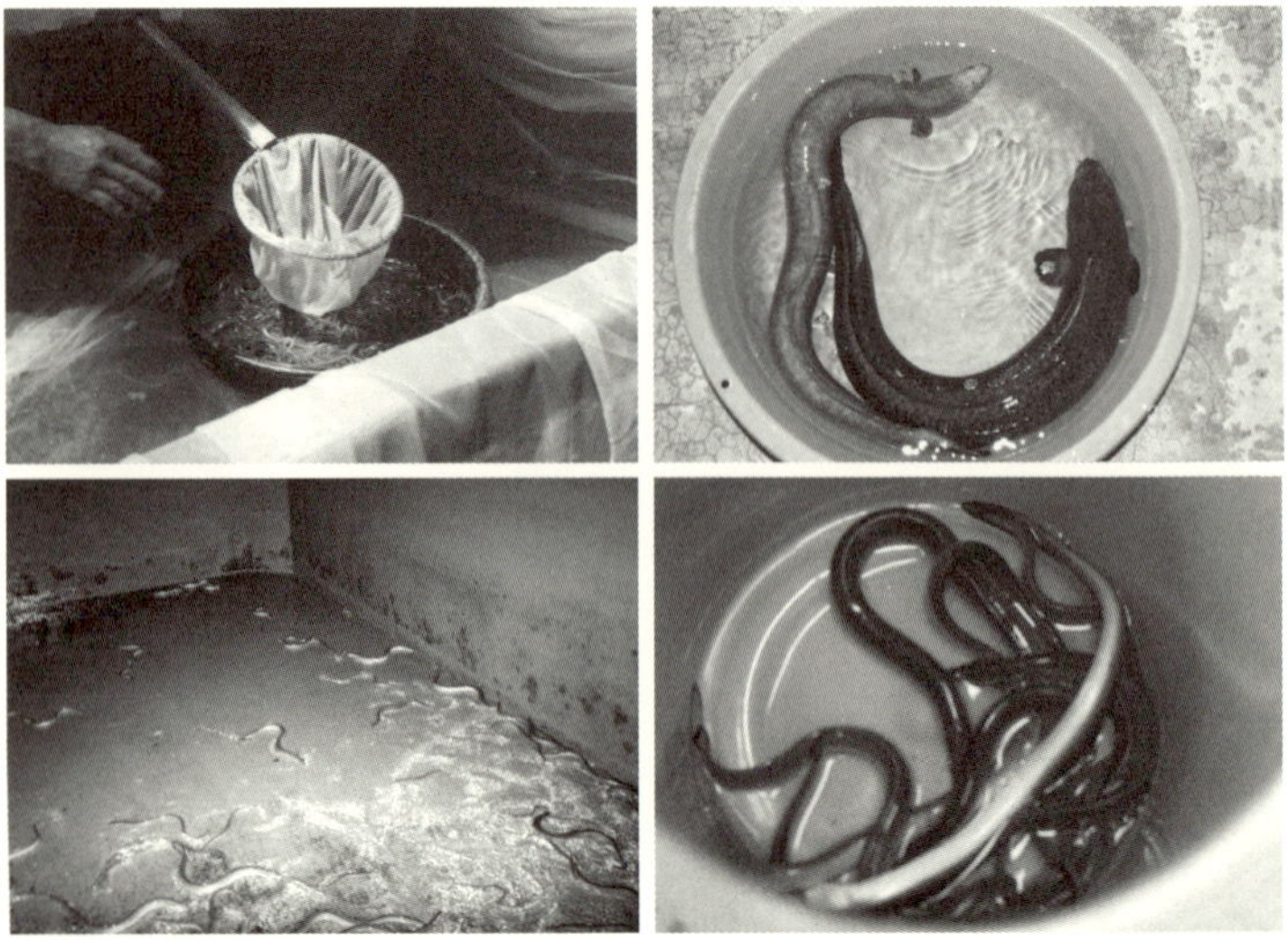

上左：フランス産シラスウナギ（アンギュラ・アンギュラ）右：アンギュラ・ロストラータ（アメリカ産ウナギ）
下左：フランス産ウナギ（養中）　右：日本産ウナギ（養中）

く宮崎警察署まで2人とも来て貰う」と言った。そして私にすみませんが車がないのでこの2人を乗せて宮崎警察署まで運んで欲しいと言う。私も乗っていきますのでこいつらには変なことはさせませんからと言う。さすが度胸のいい私もこのときばかりは生きた心地がしなかった。しぶしぶ後ろの座席に2人を乗せて、助手席に警官を乗せて走り出したが後ろから「今に見ておれ覚えておけ」と後ろのヤクザ者が低い声で言うのが耳について離れなかった。どうにか宮崎警察署に着いて、この2人を警察署に渡すと何か気が抜けてさっさと赤江《あかえ》の淡水に向けて車を走らせた。このヤクザの密漁者がその後どうなったか下っ端の私には判らなかったが、翌朝、役所に出て行ったら当時の所長が昨夜、加江田川でヤクザに脅かされた職員がいたということだと笑いながら言っていたが、こちらにしてみれば生きた心地はしなかったのである。

またこの事件があってずーと後に、淡水漁業指導所廃止後にできた綾試験地ではフランス生まれのヨーロッパシラスウナギ（アンギュラ・アンギュラ）の飼育を試みたし、小林分場ではアメリカ生まれのアンギュラ・ロストラータシラスウナギの飼育試験も行っているし、オーストラリア生まれのアンギュラ・マルモラータの蒲焼も食べたことがある。ともかくウナギと私の縁は深いものがある。

11. 池番人

役所は8時30分から午後5時までが勤務時間である。しかし生き物を扱っている役所は勤務時間というものはあってないようなものである。たまたま長年役所の飼育官舎に入っていた技術員の平島《ひらしま》さんが赤江の飛行場の近くにあった第2養魚場の近くに家を建ててそちらに引っ越すようになった。宮崎農業高校の近くにある第1養魚場の官舎に誰かが入る必要がでてきた。

官舎と言うと聞こえは良いが、実はここの官舎は民間で言うところの「池番」のことで、24時間中池の番をしなければならない。もちろん家賃はただ、電気料は役所持ち、風呂は立派な檜の風呂（これは個人で買ったもの）付であるが、役所で8時間働いた上に午後5時から夜中水の流とか、池の魚の状態や用水路の水の量の多い少ないに気を配りながら生活すれば、気の休まる時はない。

そこで平島さんは、朝ご飯後は私が赤江からバイクで池の様子を見に走って来ますので、私がいない間、池の番をしてくれる人である程度しっかりした若い人に入って欲しいと所長に申し出た。平島さんは淡水設立の当初から第一養魚場の官舎に入って、約20年間のあいだずーっと「池の番」をしてきたので、この養魚場の管理に関しては判らない所がないくらいのベテランであった。さて、そのベテランが池を出ると言うので「淡水」の中で一騒動になった。当時、〝青年将校〟が3人ほどいたが、1人は赤江の方に家を持っている深田《ふかだ》氏、1人は国道220号線沿いに家を借りている佐藤氏、もう1人は同じく小戸之橋《おどのはし》の近くに家を借りている藤原《ふじわら》氏であった。この中で白羽の矢が立ったのが東京水産大学出の藤原氏であった。当時の所長も同じく東京水産大学出の熱田《あつた》所長で、日南出身の質実剛健で竹を割ったような性格の持ち主であった。個人的には部下を可愛がる良い人であった。仕事では、当時澱粉汚水対策審議《でんぷんおすいたいさくしんぎ》会《かい》が環境保全課主催で開かれていたが、当然所長が出席する会議に役所に入ったばかりの若い私を出席させたり、東京に出張するときは若い私をカバン持ちで連れて行ったりした。それもそのはず、当時の部下は一癖も二癖もある人達ばかりでおいそれと気を許すわけにはいかなかったのではないかと思われた。

話を元に戻すが、平島さんが出た後は藤原氏が第一養魚場の官舎に入ることになった。利口で実に頭の切れがよく目先のきくこの人は官舎に入ることで、今まで家賃を払っていたもので、その当時開発中の淡水漁業指導所の上の「月見が丘」の土地を購入した。そして役所の官舎に入って2年後にはさっさと月見が丘の土地に家を造り新しい家に移ってしまった。

丁度その頃、結婚したばかりの私は働馬寄《どうめき》の県の住宅公社の家に入っていたが、自分はともかく家内は食うや食わずの毎日で、そこに家賃はただ、電気料は役所持ちという官舎の話を持ちかけられ二つ返事で入ることに決めた。その当時、家内が長男を宿していて身重であった。官舎に入ってから聞いたところでは、そこの集落は昔は被差別部落であったらしく、官舎が建てられている場所は墓地があったそうだ。戦後その上に古材を使って官舎が建てられたことが後で判ってきた。

また官舎の裏木戸がある東側には水神様が祭ってあって、その向かいに百坪の親ゴイ池が広がっていた。最初にこの官舎に入った平島《ひらしま》さんには3人の男の子と1人の女の子がいたが、女の子は不幸にもこの親ゴイ池に落ちて亡くなっている。それで平島さんは、この親ゴイ池の側に水神様を造って毎日水や花をあげていた。

この池番の官舎は私が入って2年後には淡水漁業指導所と共に廃止されて移転することとなり新しい水産試験場が青島の近くの折生迫《おりゅうざこ》に造られて、同時に淡水科が新しい試験場の中に設けられ淡水魚の試験地が綾町の小田爪《こだつめ》に造られた。ここに新しい池番の官舎ができて最初にそこに入ったのは淡水でウナギの飼育をしていた年見《としみ》さんであった。このように水産試験場の試験地ができると、かならずその池の番人をする池番の人が入ることになっていた。

12. 琵琶湖からのアユ輸送

活魚輸送は最近ではどこでも頻繁に行われている。淡水でも最初にアユを輸送した人達は色々な苦労をしたらしい。淡水にあった4tトラックに3水槽を組んで琵琶湖から宮崎まで稚アユを運ぶのであるが、当時は酸素ボンベはなくもちろん分散器もないから、トラックのボデーの水槽の横に乗った人が人力で水槽の水を柄の長い柄杓でかき混ぜ空気中の酸素を水槽の水に溶け込ますのである。琵琶湖を出発するときに水槽以外の隙間には氷がぎっしり積み込んであるのでこの上にムシロを敷いてその上に人が立って稚アユを見ながら走るという方法を取った。それとトラックが走る道筋にある湧水や川から水が汲める場所は綿密に調べて水槽の水が濁って悪くなると、次の水汲み場で新鮮な水を汲み足すというのだからまさに人海戦術そのものであった。こういう方法が取られたのは昭和30年代のことで道路事情も悪く琵琶湖から宮崎まで24

琵琶湖から稚アユと共に来たハス

時間以上かかったと思われる。

もちろん運転手は2人で1人が運転している間にほかの1人は仮眠を取る。運転手も大変だろうがトラックのボデーに立ったままで宮崎までアユと共に運ばれる職員はたまったものではない。用便は水を汲みかえるときにするとしても食事の時間はない。琵琶湖でアユを積み込むときに用意して貰ったニギリ飯を食べながらの輸送である。それでもどうしてもトラックの上で眠くなるので水槽と体をロープで縛ってなんとか眠気を覚まして走ったと言う。

かくして宮崎まで運んだ稚アユは積み込んだときの4分の1ほどいれば大成功の方で輸送方法が悪いときは、全滅もあったという話だ。その後、酸素ボンベが開発され稚アユの輸送は当初ほど大変な仕事ではなくなった。一時は鉄道を使った列車輸送も行われるようになった。これは国鉄の輸送用の列車に水槽をセットして廻りには氷を積み込みやはり肥ビャクのようなもので水槽の水をかき混ぜながら稚アユを運ぶ。琵琶湖の近くの大垣《おおがき》駅で稚アユを積み込み延々と宮崎まで貨物輸送で稚アユを運ぶ。宮崎に着くとトラックに積み替えて五ヶ瀬《ごせ》川や一ツ瀬《ひとせ》川の上流まで持って行き放流されたのである。かくして湖産アユの代表である琵琶湖の稚アユが宮崎の川のアユとなったのである。

残念ながらこのトラックによる琵琶湖からの稚アユの輸送は私が「淡水」に入る前の年まで行われたが私も一度は経験しておきたかったという思いが残った。その後は琵琶湖産稚アユに

上：海での稚アユ採捕船
下：宮島漁協の稚アユ蓄養イカダ

代わって海産稚アユの採捕方法と蓄養方法が発達して宮崎の海岸で採捕された海産稚アユが県内の各河川に放流されだしたのである。

13. コイ仔作りの名人

「淡水」での大きな事業である「コイ仔作り」は、毎年同じ手法で同じ池で作られていた。「淡水」の事務所の南側に100坪の親コイ池がある。西側から、イ号池、ロ号池、ハ号池で、先ず親ゴイをオスとメスに分けてイ号池とロ号池に入れて1年中飼育している。

コイ仔の生産は親ゴイが成熟する3月のまだ水温の低い時期から始まる。ゴムの胴長を履き袖網を持ってこの池に入り親ゴイの網引きをする。捕まえようとする相手は、小さいもので4~5歳魚で3~4kg、大きなものになると、7~8歳魚で10kg近いコイである。捕まえたコイはひっくり返して腹を押さえて白い液が出ればオス、黄色い卵が出ればメスとして別々に「叩き池」(コイの採卵やコイ仔の畜養等に使用する20坪くらいの池)に上げて採卵時期まで飼育する。

コイ仔の選別器

オス、メスを選別した親ゴイは八十八夜をはさんで、4月

上：コイ仔と共に金魚を作ったことも
下：柳の根を大量に炊いた大釜

下旬方6月上旬まで採卵する。メス1尾に対してオス3尾を産卵池に入れる。産卵池にはあらかじめ「柳の根」を煮て灰汁を取ったものを縄で縛ってグリ石（拳大《こぶし》の丸い石）で池の底に沈めて置く。

まずコイの卵は付着卵であるから、産み落とされた卵が付着できる魚巣《ぎょす》を作る必要がある。これには色々なものが使われているが、「淡水」では伝統的に「柳の根」を使っていた。まず柳の根を取ることから始まるのだが、これは河川の水量が少なくなる冬の間に、「淡水」によく出入りしていた「国富町《くにとみちょう》の漁協」の組合員の協力で、三名川《さんみょうがわ》、深年川《ふかとしがわ》の土手に植えられた柳の根で河川に出ているところを胴長を履いて川に入って切り取る。その量たるや直径が1ｍくらいの束が10も20もできるのでトラックで運ぶほどであった。

これを「淡水」に持ち帰り、レンガ積みで造られた大釜で、重油バーナーで炊いていく。「柳の根」の灰汁を炊き出すのだが、ぐらぐら煮え立った釜の中のお湯は褐色になり、鼻をツーンと突く独特な臭いが立ちこめる。炊いた「柳の根」は水を張った「叩き池」（20坪）に投げ込まれ、綺麗に水洗いされコンクリートの上に干されて乾かされる。

乾いた「柳の根」は全て使われるのではなく、その中の枝振りの良いものを4～5本をクレモナロープで1本1本くくっていく。50㎝くらいのひもに4～5本の柳の根のついた魚巣ができあがる。この魚巣2組のクレモナロープを併せて魚巣《ぎょす》を左右に広げ真ん中と両端をグリ石で押さえて幾つもの魚巣を産卵池の中に並べていく。並べられた魚巣は真ん中が押さえられているので、柳の根のふさふさした尻尾の方が水面に浮かぼうとするので、さながら海草がいっぱい生えた海面を連想させる。

コイの産卵床ができると、その中にオス3尾、メス1尾の割合で親魚を放つ。大体20坪の池でメス10尾、オス30尾くらいを昼から夕方にかけて入れておく。最初は雌雄入り混じって泳いでいる。注水する量と水温が産卵に適していれば、早いもので夜中から一般には夜明け前の4～5時から産卵が始まる。

ますは1尾のメスを数尾のオスが寄り添うようにし「追尾《ついび》」（コイの産卵行動）を始める。その様子は海藻の立ち並ぶ中を、数台の生きた潜水艦が進むようである。やがて機が熟してくるとあっちこっちでメスが蛇行《だこう》して泳ぐようになり、オスがますます強く追尾を始めると産卵が始まる。

メスが魚体をやや右からほぼ真横にして放卵をして尾ビレでその受精卵をめちゃくちゃにかき回す。すると卵は四方八方に飛び散って柳の根に付着する。そのときにオスの精子の臭いとオスが水を叩く音が入り混じって、いわゆる「コイ独特の光景」が繰り広げられる。

コイ仔の飼育池

産卵は夜明けから長いときは昼近くまで続けられる。柳の根にあまり卵が付き過ぎるとふ化が悪くなるため、卵の付き具合を見て新しい柳の根と取り替えてやる必要がある。人が産卵池に入ってそのような作業をしても一向にコイは産卵行動をやめようとしない。一般には8~9時間で産卵が終わるが、産卵を終えた魚は腹が減ったと見えて、今度は自分たちが産んだ卵を食べ始めるので、我々はあわてて魚巣を取り上げなくてはならない。

コイは一腹に10万粒~15万粒の卵を持っている。大体魚巣1組みで1万粒くらいは着いているという。おおざっぱな計算でコイの飼育池で20万尾のコイ仔を作る考えなら、1反くらいの池の一角に設けた「ふ化池」（コイ仔をふ化させるときに使う池）に20組の魚巣を沈めておく。3～4日で可愛いコイの赤ちゃんが生まれてくる。

コイ仔を飼育する池は、1反（300坪）くらいの池で底は泥で側面のコンクリートかマメ板といわれるもので池の土手を造っている。その一角に三面コンクリート貼りの30坪くらいの「ふ化池」がある。「ふ化池」には水を入れる注水口があり、そのほかに「飼育池」に水を入れるための注水口が2つくらい付いている。

また排水溝はコンクリート三面張りで、前に金網を張った網戸を立て、その後ろは排水板を2列にはめ込むようにしてあり、板と板の間は土を詰めて水が出てしまうのを防いでいる。

コイ仔のふ化時期に合わせて1カ月前からコイ仔生産地には石灰が撒かれ、その後水を張って1袋が30kgくらいある醤油粕を点々と10袋くらいに入れ、水も腐らせてミジンコを作っておく。また醤油粕の他に、「鶏糞」を使う人もいる。このままだとコイが肥りあがる6月頃から池一面に、「アオノリ」が張り、コイ仔がこのアオノリにひっかかってへい死する光景がよく見られる。そこで醤油粕を入れるときに、一緒に除草剤のゲザガードを反当り1袋（1kg）撒くとアオノリの発生を防げる。アオノリには良い面と悪い面がある。悪い面は、池一面にアオノリが浮くと孟宗竹《もうそうちく》で池の一角へアオノリを押していき、「手タモ」ですくい上げる。あげるたびに、それらのアオノリに絡まれたコイ仔を捨てることになるのも頭にくる。良い面は、アオノリは緑藻《りょくそう》なので光合成をするので、池の酸素量はいつもいっぱいでコイ仔が「鼻揚げ」（コイやフナが水中の酸素が不足すると口を水の上に出して空気中の酸素を取り入れようとする）で死ぬことはない。アオノリは生えない池は酸素不足でコイ仔を鼻揚げで死なせることがあるので、曝気《ばっき》（空気中の酸素を水中に取り入れるのに水車などで空気と水をかき混ぜること）等をする必要がある。

コイ仔の生れたばかりの稚魚を「毛仔《けご》」という。毛仔を飼育池に入れるときには、先ず飼育池のＰＨ（酸・アルカリの水溶の度合いを示す値）を測ることから始める。飼育池はＰＨが９～10くらいあり、この中に毛仔を入れるとクルクル廻って死んでしまう。まず飼育池にどんどん注水してＰＨを８～９以下に下げてやり、それからゆっくりと「ふ化池」の排水口を開けて飼育池の水とふ化池の水を混合させる。

飼育池に出た毛仔はミジンコを食べてみるみる大きくなる。年によっては天候の具合で十分なミジンコができない場合もある。そのときは、毛仔の餌として「脱脂粉乳《だっしふんにゅう》」を池一面に撒く場合もある。ミジンコが十分にあると、２週間くらいでコイ仔は３～４㎝の大きさになる。いよいよミジンコがなくなる頃になると、池の２カ所くらいに「餌場」を作る必要が出てくる。この餌場は人によって作り方が違うが、我々は15㎝ブロックを池底に２個ずつ横にして２メートル離して重ね、その上に板を２枚くらい置きさらに上からブロックで押さえて浮かび上がら

コイ仔つくりの名人・平島さん夫妻

ないようにしていた。

ミジンコのあとは大麦を大釜で煮てそれに魚粉を混ぜてダンゴにしたものを板の上に置いておけば、自然にその餌にコイ仔が集まる。その後はコイ用の配合飼料を与えていく。此の当時の生産量は反当り10cmくらいのコイ仔が10万尾くらいできるのが普通であった。当時、「淡水」の事務所で扱っていたコイ仔の量は２００万尾ほどで、その中には周りのコイ仔生産業者からかき集めた量もあるから、約半分の１００万尾くらいを生産していた。これらのマニュアルは「淡水」の主である平島《ひらしま》氏によって作られたものだが、彼は30年間このコイ仔作りに生涯を賭けた人で、毎年一定量のコイ仔を生産していた。平島さんは赤江の第2養魚場近くの家から「淡水」に出てくると注水の点検をして、注水に落ち葉がかかっていないか、排水にゴミがかかっていないかを毎日見ていた。魚は餌がなくても死ぬことはないが、水が止まってしまうと必ず死んでしまうというのが、彼の持論であった。

彼の言った言葉で、「コイ仔作りは毎年が1年生」というのが深く心に残っていた。コイ仔作りの先生である平島さんは、淡水漁業指導所が機構改革で廃止になったあとも、新しくできた水産試験場綾試験地に移り国の淡水《たんすい》区《く》水産《すいさん》研究所《けんきゅうしょ》日光《にっこう》支所《ししょ》から移殖された「純粋ヤマトゴイ」や「ドイツゴイのカガミゴイや」や「全鱗ドイツゴイ」の試験生産に携わることとなる。

14．澱粉排水

私が「淡水」に入ったときには１４５カ所の澱粉《でんぷん》製造工場があった。特に大淀川《おおよどがわ》にその廃液が流入する工場は県内で79工場、上流の鹿児島県を含めると89工場にも上がった。

原料は県の中央部以南及び西部が主産地の甘藷である。澱粉の生産が９月末から12月中旬の渇水期と一致するため大淀川は極度に汚染された。

また、この時期は丁度アユの産卵ふ化期、及びシラスウナギの遡上初期であるため、水産への被害は極めて大きいものであった。昭和39年度の汚染は特にひどく魚類の大量へい死、上水道への汚物の混入で断水等を招いた。そこで県では「澱粉工場廃水対策審議会《でんぷんこうじょうはいすいたいさくしんぎかい》」を設置して各工場に廃水沈殿池を設けるなど被害防止に万全を期することとした。

澱粉製造の際排出される廃水を大別するとフリューム廃水（原料甘藷の洗浄廃水）とセパレート廃水または「ノズル廃水」（澱粉分離作業廃水）と澱粉精製廃水に分けられる。このうち「フリューム廃水」と「セパレート廃水」は生産最盛期の10月上旬から12月上旬にかけて排出される。澱粉精製廃水は生産後も引き続き少しづつ処理廃出されて翌年の３月ごろまで排出される。

このうち量的にも質的にも河川汚濁の最大の原因となるのは「セパレート廃水」で本県の工場の場合は原料である甘藷の重量の5～6倍がこの排水となる。工場から排出されるときは、フリューム廃水も同時に河川に流されることが多く廃水の量は原料甘藷《かんしょ》の10～12倍の量と考えられた。

フリューム廃水の汚染成分は甘藷に付いている泥や芋の表皮の一部や藁などであって簡単な沈殿池や濾過池で取り除くことができる。澱粉精製廃水はセパレート廃水と質的に類似しているが量的には阻害成分の絶対量も少ない。廃水時期も10月から12月以降になる場合が多いから問題として取り上げられる廃水はセパレート廃水に限定される。

ちなみに溶存酸素量は最高が4・1、最低は0・0で、平均は1・6で、PHに到っては最高7・5、最低4・6で、平均すると6・5であった。廃水は俗に言う「ノロ」と呼ばれる水生菌の発生を呼び水中の溶存酸素量は極端な低下を見せる。有機物の分解により有機酸が生成され、嫌気的分解による有毒ガスの発生等から水中の魚介類に多大な被害をだす原因となる。

淡水の本所の東側にある板張りの10畳くらいの狭い部屋が「私の実験室」で、小さな実験台と純水製造装置とウオータバス及び粗末な科学天秤が1台、それに数種の化学薬品がおいてあった。大淀川の水質分析を1人でやろうというのだから今考えると大変な仕事である。澱粉廃水が始まる9月ごろから年末の12月まで1カ月に1回の割合で採水に出かける。採水は実に楽しいドライブである。公用車に採水瓶、比色式PH器、ウインクラー試薬（水中の溶存酸素を測る）水温計を持って出かける。

「淡水」を朝の9時に出発して最初に向かう場所は本庄川《ほんじょうがわ》水系の最も川下の大淀川《おおよどがわ》に架かる宮崎市柏田の「相生橋《あいおいばし》」である。ここは左岸側に建設省宮崎工事事務所の水位観測所がある。ここで1ℓのポリ瓶に採水してPH比色器でPHを測り水温や気温も測って次の場所に向かう。次は国富町の深年川《ふかとしがわ》に架かる「永田橋」でこの川は川幅は狭いが水深が深くいつも濁っていて川底が見えたことは一度もなかった。ここは左岸側から川に降りて行って採水を行った。次はむかし商業で栄えた国富町のなかばを過ぎた所を左に下りていくと本庄川に架かる本庄橋である。この川は小石を敷き詰めた大きな河川で渇水期には水の流れている所までた

上：大淀川支流の本庄川　下：本庄橋

どり着くのにかなりの距離があり河川敷を歩かないと採水できないというのが困りものであった。

次の採水地点は国富町より15分で行き着く綾町で、宮崎平野が終わり九州山脈と接する所にこの町がある。この町の北西部にある小高い丘の上に日本三大薬師寺の一つである法華岳薬師《ほっけだけやくし》寺《じ》がある。昔、この寺にらい病の治療で訪れた「和泉式部《いずみしきぶ》」が菜の花がこの村里に咲いているのを見て「綾の衣をまとうた様だ」と歌ったことが地名となったと言われる「綾町」をはさんで「綾北川《あやきたがわ》」と「綾南川《あやみなみがわ》」が流れている。目指すは綾南川に架かる「元町橋《もとまちばし》」が最終の採水地点である。この川は透明度（水の濁り具合）が高く少々の雨が降っても河川水が濁らないのが特徴である。かくして大淀川水系の採水が終わったあとは綾町から高岡の町に向けて車を走らせ一路「赤江の淡水」へ帰る。おきまりのコースでいつも帰り着く時間は午後4時30分を過ぎるのだから不思議であった。

持ち帰った水は数少ない分析器具で成分分析をしていくが、分析値が少しでも変わらないように冷蔵庫にしまっておく。この仕事のあとにもう一つの仕事が待っているのでそれどころではない。もう一つの仕事とはこれも日常茶飯事のことで、「淡水」では仕事が終わると何処からともなく焼酎が出てきてそれにコイの洗いが付いてくる。コップになみなみと注がれた焼酎を飲み干さないと帰ることができないのである。酒の好きな人ならお代わりを出したいところだが、またその当時の人々はみな酒豪で飲み始めるとなかなか席を立って帰る人はいなかった。ひどい人になるとその後で町の飲み屋に出て行く人が多かった。下戸の私は澱粉《でんぷん》排水《はいすい》と共にカライモから作られるこの焼酎が大淀川を汚すのかと思うと憎らしくもあった。また澱粉廃水分析の技術研修で東京都の衛生研究所に2カ月の研修にも行かされたが、なにしろ当時としては最新鋭の器具とスタッフを備えた東京の研究所と宮崎の「淡水」では比較にならなかった。

15. 浜千鳥

淡水漁業指導所の三代目の所長は日南出身の熱田寮《あつたつかさ》所長であった。質実剛健の竹を割ったような性格の持ち主であった。東京水産大学出身で曲がったことが嫌いな人で、退職後は水産関係の人達との付き合いには愛想を付かして、水産とは縁を切って環境保険部の公社の方に行ってしまった人である。

熱田所長には終生のライバルがいて、水産課時代から係長の下で机をつき合わせて坐っていた人がいた。彼が淡水漁業指導所の所長になると同時にライバルも淡水漁業指導所の水産指導係長として「淡水」に転勤してきた。その人の名は宇宿《うしゅく》進さんと言って、枕崎水産高校出身のなかなか老獪な人物であった。この宇宿係長の下に部下が一人いたが、これが嘘は言うし、大風呂敷は広げるし、女は病的なくらい大好きで、酒を飲めばあたりかまわず喧嘩を売るといった「淡水きっての暴れん坊」の深田忠《ふかだただし》氏である。彼は新しいことが大好きで人よりも先に新しいことをすることで満足していた。

その当時、「淡水」には所長の名義で空気銃とバラ玉を詰める猟銃が置いてあった。その使用目的ははっきりとはしなかったが、防鳥網等はまだ開発されておらず多分コイ仔を食べにく

上：小林分場の防鳥網
下：これはずっと後の台風で壊れた防鳥網

る鳥を防ぐために許可されていたものと思われる。バラ玉は30ｍくらい先に行くと直径が1ｍくらいの円になるので鳥を打ち落とすことが可能であった。薬莢《やっきょう》に火薬を詰めるのとバラ玉を詰めるのは大変気を使うものであった。また撃ったときの反動は下手な人なら鎖骨を折るくらいのもので、特に深田《ふかだ》氏がこの鉄砲を撃つのを得意としていた。猟銃はともかく、空気銃の方は中折り式のもので、役所の上に通っている電線にとまっていたスズメを撃ったら飛んでくる玉が見えるのかスズメが体を動かして玉を避けるという代物であった。

コイ仔を養っている池にはよく何処からともなく鳥が飛んできてコイ仔を食べていた。それを防ぐために旧式なバラ玉の鉄砲を使う。まず薬莢の中に火薬を詰めてその上に綿花を詰めてその上に鉛の小さなバラ玉を詰めて綿でふたをする。鉄砲の威力は30ｍ上空の鳥を打ち落とすには十分なものであった。

4月から5月になると、丁度いい大きさになったコイ仔がグルグル池の周りを泳ぎだすとそれをめがけて浜千鳥の群れが淡水の池の上空20～30ｍから急降下してきてコイ仔を食べていく。それがまるで戦闘機のように池のコイ仔をめがけて波状攻撃を仕掛けてくるからたまらない。あとで体中が痒くてたまらなくなる石灰を撒いて、田植え時期には水争いをしながら松井用水路を夜中に何べんも水を池に引くように頑張って、手をかけてやっと作ったコイ仔も浜千鳥にしてみればただの餌がかたまって泳いでいるに過ぎない。

各市町村に配布する稲田養鯉《とうでんようり》（稲田に水を張ったときに小さなコイを入れて稲刈りをする前に水を引いてコイを取り上げる）に出荷するコイや、また溜池養鯉業者に渡すコイが少なくなろうとそんなことはどうでもいい、要するに浜千鳥にとっては格好の餌場なのである。赤江の浜から毎日、毎日、群れをなしては「淡水」の池に押し寄せてくる。そこで腹が立った我々は、鉄砲を取り出して浜千鳥を撃った。この鳥は不思議なことに一羽が打ち落とされると逃げるどころか撃たれた仲間を助けるために、次から次へと突っ込んでくる。この際日頃の腹いせに、突っ込んでくる浜千鳥をあるだけの玉で撃ったので、浜千鳥の死骸が池一面に浮かんでいる。ところがこの浜千鳥は保護鳥で撃ってはいけないことになっていることが後でわかった。

保護鳥を撃ってしまったので、さて、誰が警察署に行くかということになった。所長は俺は知らん、深田《ふかだ》が撃ったのだから深田を警察に突き出せばいいではないかと言う。そこで庶務主任が本課に行って鉄砲や空気銃は返還しますので宜しくお取り計らい下さいということで決着をみた。その後は防鳥網が少しずつ作られて池の上にかすみ網のようなものを張ることで浜千鳥の被害を防いだと思っている。

16. 一ツ瀬ダムのカンラン（寒蘭）

どうして魚と何の関係もないカンラン（山に自生するラン。日向は産地として知られる）を取り上げたかというと昭和39年に西米良村にある一ツ瀬《ひとせ》ダムで琵琶湖から運んできたアユが陸《りく》封《ふう》して全国的に有名になり、我々は何故一ツ瀬ダムでアユが陸封したのかという調査を数年に渡って行うことになった。カンランはそのあたりに自生している植物だった。

日向《ひゅうが》カンランは大別すると有名な尾鈴《おすず》カンランと米良《めら》カンランがあるが米良カンランといえば古典植物に興味を持つ人であれば、数多くの銘品が登録されているのを良く知っている。ビロード色の三角咲きの「日向の誉《ほま》れ」や、紅花《べにばな》の中で最近は余り見られなくなった「紅露峰《こうろほう》」や、更紗花《さらさばな》の中ででも優れている素舌《そぜつ》の「若桜《わかざくら》」等、いずれもなかなか手に入りにくい銘品である。これらの銘品も数ある小さなカンランの芽の中から出たものである。しかもそのカンランの小さな芽は米良のごくありふれた場所に沢山あるというので驚きであった。

西米良村の越《こし》の尾《お》小学校の運動場の南向きの土手はカンランの自生地である。いわゆるその道の専門家が言う所の「カンランの坪」である。最近は銘品が出土した「カンランの坪」を公開するためにカンランの銘品が出た坪は限りなく荒らされている。小さなカンランの芽はおろか土中の蘭玉（生姜根《しょうが》と呼ばれる地下茎《ちかけい》の塊）またはその周辺の土まで持ち帰るという有様である。まるで山の中に畑でもできた様な光景によく行き当たると言う。当時は小学校の生徒にカンランの小さな芽を探させて一芽200円～300円で専門家が買い取ってはそれを愛好家に売るシステムになっていた。

越の尾の橋の近くに住んでいた「中武《なかたけ》さん」は越の尾の郵便局に通いながら一ツ《ひと》瀬《せ》ダムで生《い》け簀《す》養魚を行っていた。彼は米良カンランの先生で一ツ瀬ダムの中のどの山に行けばカンランがあるというのが特に詳しかった。自分でもかなりのカンランを育てていて家の土間は米良カンランの蘭鉢でいっぱいうまっていた。彼に連れられて一度、一ツ瀬ダムの中の蘭坪に案内してもらったことがある。東向きのあまり木が茂っていない傾斜の緩やかな山で、今考えてみてもどのあたりであったか思い出せない。ともかくシダをかき分けかき分け探したがなかなかカンランは見つからなかった。1時間くらい探し続けてやっと双葉で細葉の葉の色の濃いカンランを見つけることができた。当時はあまりカンランに興味を持っていなかった私であったが、それを大事に宮崎に持ち帰り蘭鉢に土で植えた。ところが当時ヨチヨチ歩きを始めた長男が良い物を見つけたとその芽を抜いてしまったのでとうとう花を見ることができなかった。

また先輩の深田《ふかだ》氏は一ツ瀬ダムの中はわが庭のように覚えていて陸封《りくふう》アユの調査をしながら米良カンランを数多く集めていた。しかしこの人は人が褒めるとすぐ物を与える癖があり、集

▲上：エビネ蘭（サツマ系）
下：一文字咲きの寒蘭（素舌）

▲上：三角咲きの青花カンラン
下：カンアオイ

センリョウの実▶

めた米良カンランは殆ど人にやってしまい残ったカンランは白点病《はくてんびょう》でほとんどを枯らしてしまった。またもう一人の藤原《ふじわら》さんは慎重な人で、米良から持って帰ったカンランを7年間かけて花まで咲かせている。咲いた花は青花《あおばな》のカンランであったが自分で7年間も大事に育てたカンランは、何にも換え難いものであると話していたのを聞いたことがある。その後米良では自然保護の上で天然の植物を採取してはいけない条例が施行されてカンラン等を採取することはできなくなった。

後に私も米良カンランで「銀鏡《しろみ》の青花」を手に入れたことがあるが、実にその青が鮮やかで大事に育てていたものの、宮崎は米良の山奥ほど涼しくはなくとうとう私も枯らしてしまった。やはり自然のものはそれが自生している所が一番いいのだとつくづく思い知らされた次第である。

17. 小使いさん

「淡水」には小使いさんがいた。事務所の中には小使いさんの部屋があり夫婦で住んでいた。名は人を表すというがその人の名は浜山奈良蔵《はまやまならぞう》といって、その名のとおり「奈良蔵」そのものであった。酒に強く飲むと上向きにつりあがった濃ゆい眉毛を手の裏につけた唾で上向きになで上げるのが彼の癖であった。

私が「淡水」に入っての初めての歓迎会でも目をむいて「何だと、俺の作ったコイコクが食えない？　なにい、俺が注いだ酒が飲めないだと？」といった具合である。私も戦後の食糧難の時代に育ったのでお酒以外はほとんど食べないものがないというくらい食いしん坊だが、このときのコイコクにはほとほと困った。というのは、溜池から揚げたばかりのコイを料理したのか、溜池のノロ臭さに淡水魚独特のヒエ臭さがありとても食べられたものではなかった。酒はもともと下戸で飲めないのである。

酒乱と言うものがあると聞いてはいたが、浜山さんはまさにそのとおりで酒が入ると言葉が荒くなり、また暴れだすからどうにもならない。あるときは酒を飲んで小使いさんの部屋に帰ってから、ちょっとたって奈良蔵さんの奥さんのギャーという声がした。行ってみると4畳半の狭い部屋の中は灰だらけになっていて、あちこちに火のついた炭がころがっていた。酔って帰った爺さん（奈良蔵さん）は、ばあさん（奥さん）が何か一言、二言、言った言葉が気に食わなかったと見えていきなり火のついた火鉢を持ち上げて投げたと見えて、その辺り灰だらけであった。あわててみんなで火のついた炭を拾い集め灰を掃いて後を拭きかたづけた。当の本人は酔っ払って「バカタレが」を連発するだけで少しも悪びれたところはなくさっさと寝てしまうという有様だった。

小使いさんの仕事は町まで頼まれた小間物を買いに行ったり銀行や郵便局に切手を買いに行ったりする。その他にこれが大切な仕事だが、「淡水」で使う網やタモの修理を行っていた。この爺さんは少し変わっていて鉛筆で字を書かせると小学生が書いたよりもへたくそな字を書くのに、酒を飲んで筆で字を書くと役所の中でも誰もかなう者がないくらいの見事な字を書くのである。爺さんの家は赤江の浜の大きな網元で、そこの息子として生まれた。小さいときから下女やデカン（下働きをする男性）に囲まれて大事に育てられたので世間知らずで人にだまされ、その上酒が好きで財産を飲みつぶしてしまったと聞いている。

「淡水」に入るときは、恒吉《つねよし》さん（すでに早くから「淡水」に入っていた養魚技術の現業職の職員）に頼んで、所長（日高《ひだか》所長）に頼み込んだ。恒吉さんにしてみればとんでもないならず者に頼み込まれたものだと思っていた。渋々なんとか所長に頼んでみると、またこの所長は東京大学出の素晴らしい人なのだが、採用方法が変わっていて採用しようとする人が酒が飲めるかどうか、または数学が他の人に比べずば抜けているかどうかで採用か不採用かを決めたという。

今の職員採用方法は厳しい採用試験があって、それをクリアしても2次試験で面接試験がある。しかも県に採用になっても1年間は見習い期間である。この当時は現場の職員の採用は淡水の所長がその権限を持っていた。大酒を飲めば合格、酒が飲めないものはいらないという風である。奈良蔵さんは酒を飲むことでは人に負けないので、すぐに採用になった。採用されればもう役所の主となり、事務所の前の一室を貰いそこにヤカンにいれたお茶と湯飲みを持って来て、キセルにキザミタバコを入れて火をつけては吸いながら1日中その部屋で網の修理をしたりタモを編んだりして過ごしていた。

午後5時が近くなると仕事をさっさとやめて晩酌の肴《さかな》を作るのがいつもの習慣で、肴は前の用水路に流れてくるナマズが多かった。ナマズ料理は実に見事なものであった。何kmもある松《まつ》井《い》用水路にはナマズが多く、よく「淡水」の池の中にナマズが入るのでそれをとっていて晩酌の肴にしたものである。しかしナマズが取れないときは近くにある魚屋からアジやイワシを買ってくることもあった。

また爺さんは何処に行くにも自転車で荷台の大きな自転車に乗っていた。ある年、忘年会があった翌日に役所に出てみると、顔中を黒血《くろぢ》にした小使いさんを見た。日頃大きな顔をしている小使さんが小さくなっていた。どうしたのかと他の人に聞いてみたら飲んで帰るときに自転車ごとどうも排水溝に落ちて、そのために顔中をコンクリートで打ったらしい。あの怖い顔もコンクリートには勝てなかったとみえて、しょんぼりしている姿が奇妙におかしかった。

また当時は「当直」と言う制度があって、技術者も事務屋も夜は当直室に泊まらなければならなかった。そのために小使いさんは当直者が風呂に入るので五右衛門《ごえもんぶろ》風呂のための薪を作っておく必要があった。たしかあのころは製材所の製板の切れ端を車で持って来てくれるが、板の大きさはまちまちでこれをきれいに揃えて切っておくのが小使いさんの仕事であった。またみんなが役所に出てくる前に役所をきれいに掃除しておくのも小使いさんの仕事であった。しかしこの爺さんはほとんど何もせず、奥さんの婆ちゃんが掃除の方は一手にひきうけていた。しかし当直はするので当直手当は出ていたが、他の人は当直部屋にとまるのだがこの小使いさんは自分の部屋で寝ていた。当直部屋にはテレビがあって寝るまではテレビを見てもいいが、寝る前にはちゃんと池を見て廻っていた。注水から水が入っているか排水溝にゴミがたまっていないかを見て廻る。夜具は小使いさんの婆ちゃんがいつも洗濯をしてきれいにしてあった。また私のような若い者が泊まるときはカンパンを良く持って来てくれた。しかし当直も慣れてくると寝ていても水路を流れる水の音を聞き分けることができるようになる。水音が止まるとすぐに目が覚めるようになってくる。

この小使いさん夫婦は「淡水」が廃止事務所になったあとは、青島にできた新しい水産試験場の小使いさんとして引っ越して行った。

18. 野尻湖のアユ

小林《こばやし》、高原《たかはる》、野尻《のじり》の漁業協同組合のことを小高野《こたかの》漁協《ぎょきょう》と言う。正組合員が200人と準組合員まで入れると700人になろうかという大所帯である。宮崎県内水面漁業協同組合へ副会長を長年に渡り送っていた。この組合は大淀川《おおよどがわ》の上流にあたるので主体となる事業は稚アユの採補である。これに比べ大淀川の河口近くの組合はシラスウナギの採補と出荷が主な仕事であった。昔から稚アユの採補事業は小林分場と関わりがあった。小林分場が国の淡水区水産研究所から色々な魚を貰い受けると、そのフィールドでの試験はほとんどがこの組合を通して河川や湖沼に放流しては、その結果を見るというのが一般的なパターンであった。

特に霧島山麓には御池《みいけ》、小池《こいけ》を代表とする大小さまざまな池が多数ある。この豊富な水資源が流れ出して湧水となりそれが集まって河川へと流れていく。これらの河川・湖沼の総取締役を行っているのが小高野漁業協同組合で、事務所は小林市役所の農林課の中に置かれていた。そこで小高野の漁協の事務を行っている美人がいた。見るからにスマートで言葉使いも上品で、しかも化粧ののりが良く名前からして高貴な出ではないかと思われていた。しかし化粧が濃いため実に綺麗であるが誰もその素顔を見たことがないという。このような噂が出《いで》の山《やま》かいわいで宴会があるたびによく話題にのぼっていた。

小高野漁業協同組合には組合長と理事が2名いた。その理事はかってこの組合がばらばらであった頃、小林の漁協の組合長であった方や、高原町の組合長であった方、野尻町漁協の組合長であった方が、この組合の理事をしていた。代々小高野漁協の組合長は小林漁協の組合長が引き継いでいた。だから中にはその土地の有力者が理事となることが多く、かっては野尻町の町長であった人が理事を勤めることもあった。これらの有力な人達を取りまとめていくという事務局はかなりの力がなければスムーズな運営はできるものではない。現に私もこの組合の総会に2~3度招待されて挨拶をしたことがあるが、かなりしっかりした自分の考えを述べないと、すぐに質問責めに遭うこととなる。

この組合が最も重視している事業の一つに「野尻湖《のじりこ》の陸封《りくふう》アユ」の採補事業があった。これは発電用ダムとして造られた岩瀬《いわせ》ダム（通称野尻湖）に、昭和43年頃から陸封したアユが毎年3~5月に「猿瀬《さるぜ》の魚道」を遡上《そじょう》してくる。これを最も上の所で採補して上流河川に放流したり養殖用種苗として県内の養鮎業者に販売する事業である。何せ自然を相手にする仕事なので色々なことが起こる。岩瀬ダムの概要としては岩瀬川は小林市《こばやしし》、高原町《たかはら》、野尻町にその源を発し途中で城ケ下川《じょうがしたがわ》、野尻川の支流を集めて大淀川に注いでいる。大淀川《おおよどがわ》総合開発事業により大淀川の下流の宮崎市付近の治水と発電を目的にして昭和42年7月から発電を開始したのが岩瀬

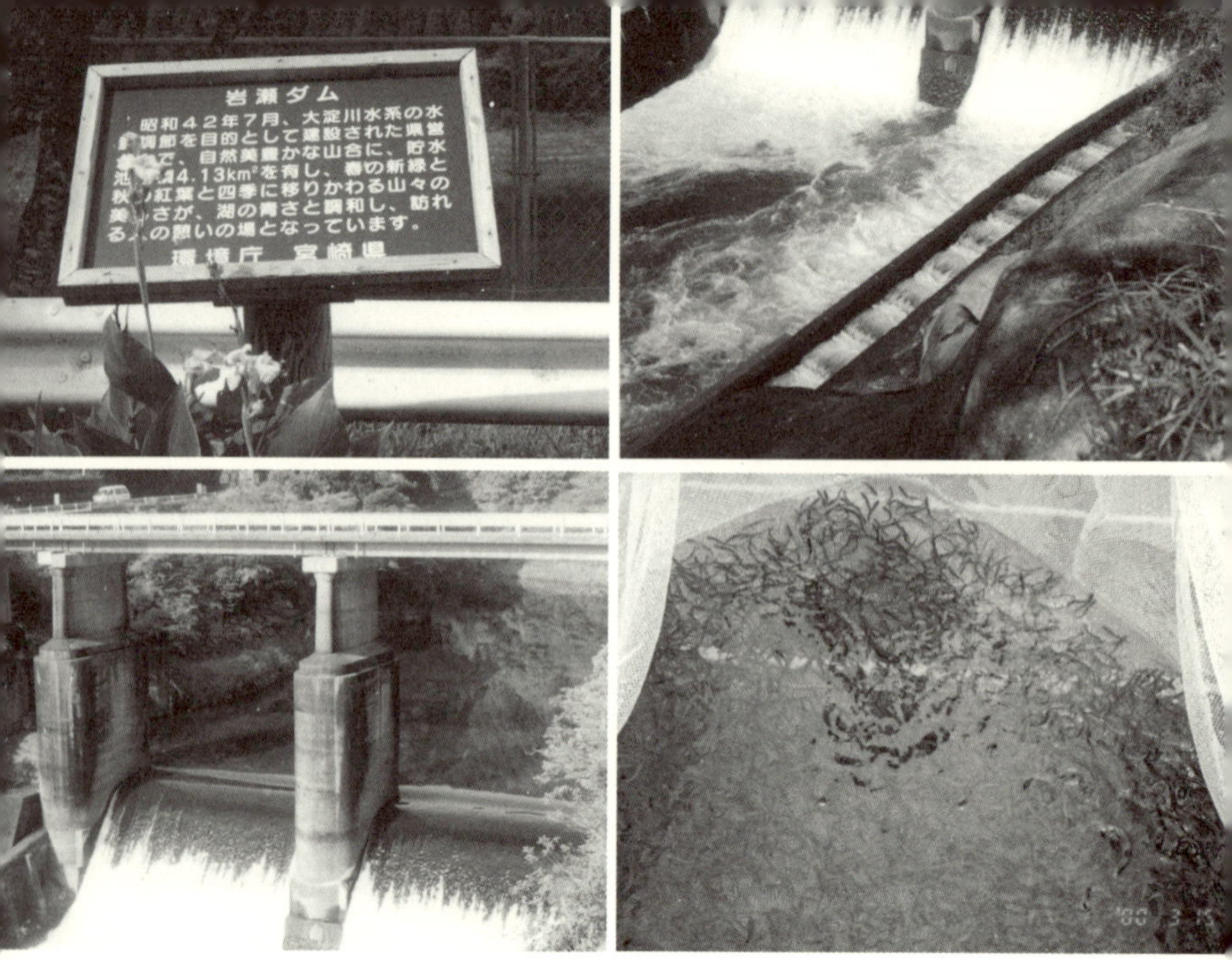

上左：岩瀬ダム　右：猿瀬の魚道
下左：岩瀬川の猿瀬の橋　右：猿瀬の稚アユ蓄養イカシ網

川発電所で岩瀬ダムとその直下に岩瀬川発電所を建造した。

　野尻湖《のじりこ》に生息する主な魚種はコイ、フナ、ヤマメ、ウナギ、ブルーギル、ウグイ、ナマズ、オイカワ等である。最近は釣り人が御池《みいけ》から持ってきて野尻湖に放したと思われるブラックバスや、漁協が放流したニジマス等も生息している。野尻湖で昭和43年4月に地元の漁業者が稚アユらしきものを多数発見した。野尻湖にアユが陸封《りくふう》した最初の年でその年の9月に猿瀬橋《さるせばし》の左岸側に造った魚道が完成している。また昭和44年4月には猿瀬橋の魚道を稚アユが遡上するのを漁協の人が確認している。翌年には漁協が監視員をつけて陸封アユを保護している。また昭和46年には漁協が魚道の上の所

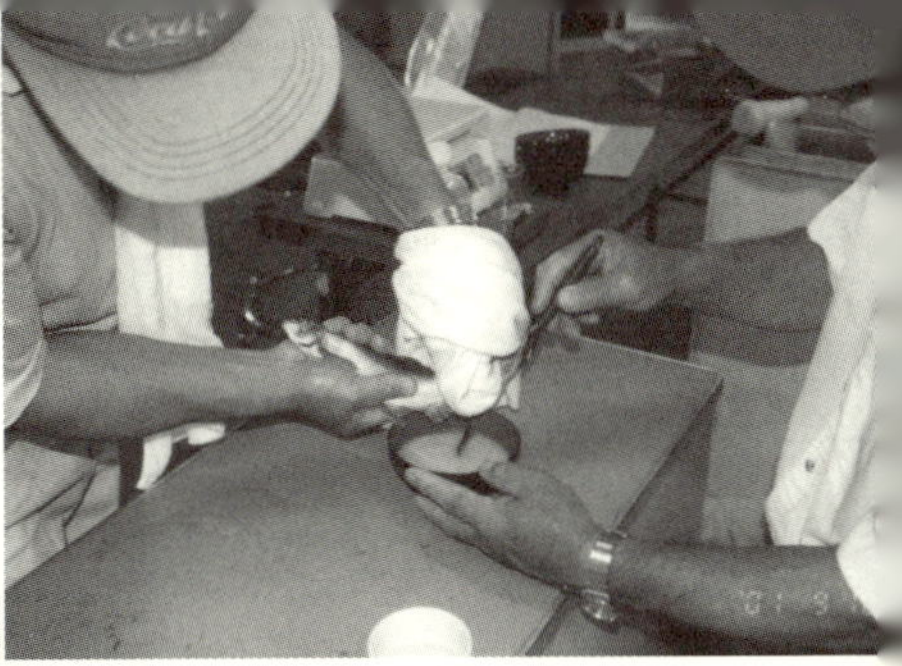

上：アユの採卵作業（小林分場）
下：御池の蓄養イカシ網

上：アユの飼育池（小林分場）
中：美々津《みみつ》の海産稚アユ蓄養イカダ
下：五ヶ瀬川のアユの人工産卵場

に監視小屋を建てて遡上するアユを監視する計画であった。しかしその年は以外に遡上する稚アユが少なかったので監視小屋の建設は中止されている。しかし6月の解禁時期には産卵済みの親魚が多数見受けられたとあるので野尻湖産のアユの産卵期は我々の経験からすると早い物で8月上旬であるがこれが2カ月くらい早く行われたとしても不思議ではない。

　また野尻湖の魚道には多数の越年アユ（アユは年魚である）が稚アユに混じって魚道を遡上《そじょう》することが知られている。漁協の人達がこの越年《えつねん》アユを産卵済みの親魚と見たのかもしれない。また秋口に岩瀬川上流の瀬では親魚400尾余りを漁獲したのみであったが下流では多数見受けられたので増水時に降下したものと思われる。稚アユの遡上量は昭和45年を100％とすると昭和46年は10％で昭和47年は80％くらいであった。またこの年に小高野漁協が初めて稚アユの採補を行い5000尾を採補している。また天候と遡上の関係については曇天の温暖な日が遡上量が多いことがわかってきた。稚アユが遡上するのは日の出から日没までであるが、中でも午前10時から午後2時ごろが遡上量が最も多い。降雨との関係では降雨後の水量が増水し魚道に対する流下水量が十分となると、共に濁りが回復し始める頃より稚アユの遡上量が急激に増加してくることがわかってきた。昭和48年に小高野漁協が猿瀬魚道に遡上してきた稚アユを四手網《よつであみ》方式で採捕した量は約900kgであった。

　このときの稚アユの体重が1gであることから約90万尾の陸封稚アユを採捕したことになる。また採補した稚アユのほかに100～200kgの稚アユが自然遡上したと推定される。採捕時の1日当たりの採補量は1日に40～50kgと多く1日に100kgの採捕があったのは2日ほどで最盛期は4月下旬から5月上旬であった。魚道に稚アユが遡上する条件は降雨水量はもちろん

左：アユの採卵（卵と精子）　右：天然のアユ発眼卵

のこと日中の気温や時刻等が関わっていることがわかった。

　昭和49年の稚アユの遡上は5月中旬から下旬が最盛期で遡上時刻については最盛期は午前10時から午後4時までが多く4月上旬と6月上旬は午前10時から12時までであった。この年の採捕量は７７８ｋｇで採捕以外に１５０～２００ｋｇの稚アユの遡上があったものと推定される。７７８ｋｇのうちの１２０ｋｇを自主放流として大淀川の上流に放流している。

　野尻湖の稚アユが昭和49年以降４～５年は陸封して小高野《こたかの》漁業協同組合の人達により採捕されたがその後は次第に採捕量が減って梅雨期の大雨や台風時の豪雨によって周りの山から流れ込んだ土砂や山崩れによって野尻湖の水が濁り陸封アユがその数を減らしていったのである。その後は海の方の土々呂《ととろ》漁協や耳川《みみがわ》河口の富島《とみしま》漁業で採捕され蓄養された海産稚アユが県内の養鮎業者や河川放流に使われるようになっていった。

19. 大飯ぐらい

その年に生まれたコイ仔で、体長が12～13㎝に育ったものを秋口に灌漑《かんがい》用の溜池《ためいけ》に入れて、翌年の3～4月から蚕のさなぎや配合飼料を食べさせると、その年の秋口までに1㎏くらいにまで丸々と太った食用ゴイができる。其れを取り上げるのが溜池養鯉《ようり》であった。宮崎平野はあちこちに灌漑用の溜池が多かったので、この養鯉方法が盛んであった。

「淡水」でも宮崎南高校の田吉池田《たよしいけだ》の溜池に2～3万尾の半仔《はんこ》（コイ仔《ご》が大きくなった15㎝くらいのもの）を入れて、翌年の晩秋から初冬にかけて溜池の水を落として20ｔくらいの食用ゴイ（別名切りゴイともいう）を取り上げたことがある。

まず溜池のコイを取り上げるには、地域の区長さんのところへ行って、溜池のコイの取り上げをしたいのですが、イネの刈り取りはみんな終わったでしょうかと尋ねる。溜池の尺八栓《しゃくはちせん》（溜池の排水部は尺八のように幾つも穴が空いている）を抜いて水を流してもいいかを聞く。

また当日取り上げの網を曳いて手伝いをしてくれる地区の人は集まるかどうかの交渉も始めなければならない。

また魚を運ぶ4ｔトラックには水槽や酸素ボンベの準備をする。袋網《ふくろあみ》に入ったコイと雑魚を運ぶ桶の手配から、タモとそで網から取り上げをする袋網や長さが50mもある大きな引き網の準備もしなければならない。最近なら地域の人に1人何円かの日当を払えばいいのだが、独立採算制の「淡水」は人夫賃がないのか、上司が無能なのか、地域の人の昼飯から帰りの焼酎の飲ませ食わせまで準備し、そのうえ土産のコイまで考えなくてはならなかった。取り上げが終わった後はお礼のつもりで溜池のノロの中に30～40kgのウナギを入れてやり、ウナギかきをさせる慣わしになっていた。

溜池の取り上げ作業

加勢の人、役所の人、それに他の地域からウナギを取りに来る人を入れると、100人近い人数になる。昼飯は決まって三角のニギリ飯にするのだから、オニギリ1つが1合くらいの米になる。オニギリは役所の奥さん方が世間話をしながら作る。次から次にでき上がったオニギリはモロブタ（搗いた餅を入れる容器）に綺麗に並べ

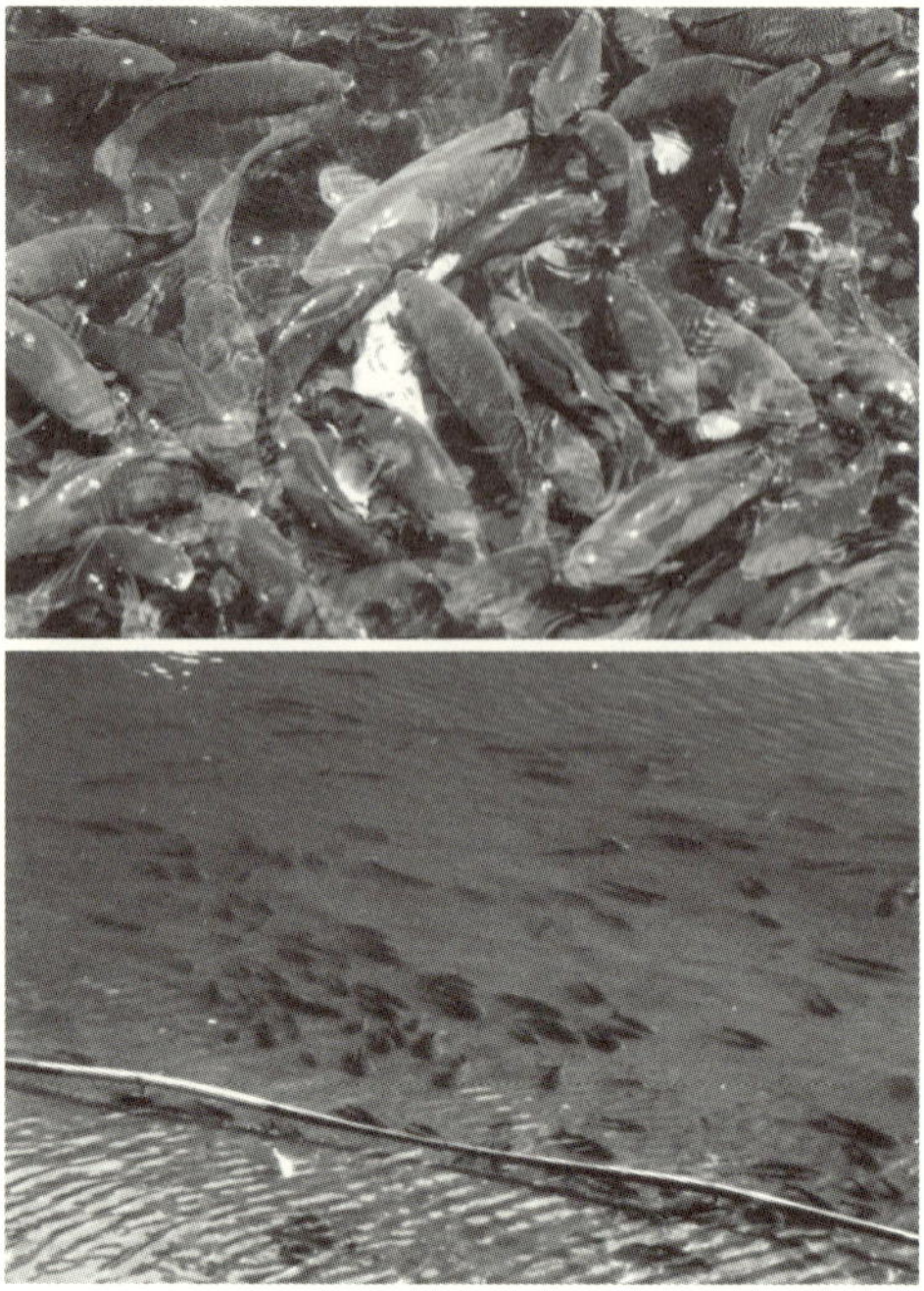

上：食用ゴイの池　下：溜池のコイ

られてモロブタ何枚ものニギリ飯ができあがっていく。この年は宮崎水産高校の生徒が学校の実習で溜池のコイの取り上げに来ていた。年配の役所の奥さんに混じって私の家内がオニギリを作っていた。すると水産高校生がそこの若い人は役所の人ですかと聞いた。すかさず、隣りでオニギリを握っていた年配の奥さんが、「えっ、私のことかい?」と聞き返す。高校生は困惑して、「あんたじゃない、あんたは行かず後家《ごけ》じゃろ」と言い返す。大人も子どもも、老いも若きも、のんびりしたものであった。大きな釜で炊いたご飯なので、でき上がったオニギリは実に美味しかった。中にウメボシが入れてあって、これを片手に黄色の鮮やかなタクワンを持って、溜池の土手で食べるニギリ飯ほど美味しいものはない。その年の取り上げは、かなり魚が多かったため、昼前の作業にはかなり手こずった。

しかし何とか片付けて、みんなにオニギリを配ったのだが、一人だけ車に魚を積んで「淡水」の役所まで運んで行った者がいた。不運な彼が帰ってきたときは、もう昼休みも終わって、みんなニギリ飯を食べ終わっていた。モロブタには、彼の分のニギリ飯が残っていた。彼は帰るなりよほど腹が減っていたと見えて、残ったニギリ飯をタクワンとともに食べ始めた。そして見る見るうちに、モロブタに残っていたニギリ飯を全部食べてしまった。その数は11個。なんと彼は1升以上の飯を食ってしまったわけだ。「淡水」の小使いさんは驚嘆して、「うちには化け物がいる、11個ものニギリ飯を一人で食うような者は、とても養いきれない」と言った。この話はのちのちまでの語り草になった。その大飯《おおめし》ぐらいの「化け物」こそ、何を隠そう若い日の私であった。

20. 水争い

「淡水」の魚を養っている水源は清武川《きよたけがわ》から延々4kmに渡って引かれた「松井用水路《まついようすいろ》」に流れる水である。もともとこの水路は赤江地区の水田に稲作用として引かれたものである。その水が淡水魚を養うのに非常に優れているために養魚に使用していた。しかし春から夏場にかけての渇水期には「水争い」が絶えなかった。

実に水は生活と直結していてぼやぼやしていると自分の所の水田は干上がってしまいせっかく植えた苗は枯れてしまう。用水路の周りの百姓は喧嘩をしてでも自分の田に水を引かなければならない。用水路の一番下流にある「淡水」はこの点で最も不利であった。だが公的な役割を持つ役所であるから、常々水利組合長に魚の贈り物をしたり、水門の番人にはコイを与えるなどして緊急な場合には魚を優先的に扱って貰うようにしていた。水路の水が停まりそうなときはある程度経験を積んでくると判るようになってくる。晴天が続くと、今まで一定水位で流れていた水路の水が、夕方にかけて少しづつ水位が下がりだす。

この水路の下流には公共の養魚場の「淡水」があることは、この水路から水を取っている農家であれば十分に知っている。だから朝から水路の水を止めて自分の所の田に水を入れるようなことは絶対にしない。しかし、それが百姓の嫌らしさで暗くなり始める夕方から水路を板や土でくい止めてから空になっている自分の田圃に水を引くのだ。当然このように水をさえぎった土手は夜中に壊されることは十分に計算に入れている。壊されてもそのときには自分の田圃には十分に水がくみこまれているから別に構わないのである。

またこんなときに限って「淡水」の「叩き池」（コイの採卵や出荷するコイ仔を一時的に蓄養する池）には何万尾ものコイ仔がモジ網に上がっていることが多かった。夕方から水路の水位が下がりだすと必ずと言っていいくらい、夜の9時ごろにほとんど池の注水口から水が入らなくなる。叩きのコイ仔は鼻揚げをはじめ水面近くで口をパクパクしはじめる。これは空気中の酸素と水を混ぜて何とか少ない酸素を取ろうとする。こんな状態が2～3時間続けば全滅してしまうのでぼやぼやしていられない。

すぐに役所のミゼットを引っぱり出して松井用水路を清武川に向かって上がりだす。役所から500ｍも行くと早速最初の水路を遮った土手があり、水路を遮って土とビニールで田圃に水を引いている。ビニールをはがして土手を壊すといままで堰き止められていた水がどぅーっと下流に流れ出す。しばらく行くとまた同じように水路が堰き止められているので、同じように壊していく。清武川に着くまでに、多いときは3つくらいがあり、すくないときも2つくらいはこのような堰《せき》が作られていた。しかし上まで行って折り返してくるのと、水が流れ出してコイ仔の池に水が入りだすのがほぼ同時であった。翌朝役所へ出て行くと、昨日は水路の上のほうで水争いがあって、百姓の人達が殴り合って自分の所の田圃へ水を引いたそうなという話がよく聞かれた。農業も養魚も水があっての仕事であり、水の奪い合いに関しては非常に厳しいものがある。

21. 小野湖のウグイ

淡水魚はとにかく山の中の湖に棲む魚というのが普通である。小野湖《おのこ》とは宮崎県の旧須木村《すきそん》の山中にある湖である。今でこそ小林市から有名な陰陽石《いんようせき》を左に見て軍谷《いくさだに》トンネルを過ぎるとものの20分もかからないで着くことができる。我々がこの小野湖に通っていた頃は、道は狭く、カーブが多くて、山道を行けども行けどもたどり着かない山奥であった。小野湖の一角に少し開けた所があり、水辺の近くまで車が入る所があった。丁度、軍谷《いくさだに》トンネルが対岸に見える場所である。

そこで我々はコイを捕るためのオトシ（餌でコイを集める施設）を作り始めた。この湖の畔に村からコイ養いを頼まれた「桑原《くわばら》さん」という人が家を持っていた。そもそもこの小野湖に通い始めたわけは、「淡水」の藤原氏が国の委託を受けて小野湖でコイの飼い付け養魚の試験をしていたのだった。この湖の一つの入り江を網で仕切って、そこにコイの半仔を入れていた。手ごろな浅瀬にオトシを設置して、その中でサナギを餌としてコイの半仔を養えば丸々と肥った食用ゴイができあがる。

いまこんな山奥の湖の入り江での網仕切り養魚を見たいと思っても、日本では見ることができない。図らずもネパールから来た研修生が、今ネパールのフェワ湖でこの養魚法がはやっていると言うのを聞いて懐かしく思ったものだ。

桑原《くわばら》さんの所は、小野湖の畔で家に行くにも道は小さく、電気は自家発電で電柱がないのだからもちろん電話もない。食べるものは自分の所で作った野菜、肉といえばイノシシ、イノシシはなかなか取れないので、すぐ手近に取れるのが小野湖の魚であった。ここへ行くといつも

上：陰陽石　中：小野湖の継子滝《ままこだき》
下：新軍谷《しんいくさだに》トンネル入口

料理してくれるのが「コイのあらい」と「ウグイの唐揚げ」であった。ウグイと言ってもピンと来ない人が多いと思うが、ウグイは学名で淡水魚の図鑑には、こう書いてある。宮崎の山手で呼ばれている名前は「イダ」とか「イダゴロ」である。小骨が多いので刺身などで食べることは稀で、炊くか焼くかして食べる魚である。イダの唐揚げは私も初めてだった。地元の焼酎を湯飲みについでもらい、イダの唐揚げで晩酌をすればこれまた天国である。自家発電なのでテレビもなく、夜は焼酎を飲んで早めに寝てしまう毎日であった。昼間は網仕切りして養っている食用ゴイを取るためのオトシを作るのが仕事であった。これがまた大変なもので、柱と板で間口が一間、奥行きが2間ぐらいの大きな箱を作る。発泡スチロールの浮子《うき》をつけて、入口の所には仕掛けがしてあった。コイがかなりオトシの中に入ったと思ったら、入口の仕掛けを落として魚が外へ出られないようにする。これが水中の罠である。また、水に強い木となると松が使われ、留め金は錆びないようにステンレスのボルトで留めるのだから、作り上げるのに大変な手間がかかる。このオトシの中に入るコイの量たるや、1~2トンの重さがあるから、軽い板であれば簡単に魚に打ち破られてしまう。

このオトシを作っているときに、オトシがある場所から対岸の軍谷トンネルの下までどちらが早いか泳いでみようと深田《ふかだ》さんが言いだした。そこで泳ぎは余り得意ではなかったが、挑戦されれば後に引くわけにはいかない。200mはあろうかという距離を泳ぎ始めた。みるみるうちに離されたが、私が半分くらい泳いだころには深田《ふかだ》さんは対岸に着いていた。然し途中でやめるわけにもいかず、対岸に向けて泳いだがあと2～3mで泳ぎ終わると思ったとき、突然足が痙攣を起こした。両手で一生懸命水をかくが体はズブズブと後ずさりして沈み始めた。湖は急に深くなっているので、水深は4～5mはあったと思う。これで一巻の終わりかという思いもしたが、とにかく湖の底を這ってどうにか上に上がることができた。対岸に命からがらたどり着いたのはいいが、いま泳いできた距離をまた泳ぐのかと思ったら恐ろしくなった。しかし湖の上の道を裸で歩くことを思ったら、泳ぐしかなかった。この経験から、泳ぐ前から十分な準備体操をして泳ぐことの大切さを身をもって教えられた。できることなら湖では泳がないことだと固く心に誓った。小野湖のウグイであれば、これくらいのことは何でもないことなのに。入り江を仕切って行う網切り養魚は、効率が悪いのと、なかなか生産が想うように上がらないので、その後は生簀養魚《いけすようぎょ》へと形を変えていく。コイの生簀養魚の試験が行われたのは、同じ宮崎県の西米良村にある一《ひと》ツ瀬《せ》ダムにおいてであった。

オイカワ（上）とウグイ（下）

22. ニジマス

ニジマスは、スチールヘッドトラウトの陸封型で、これが明治時代の内務省水産局の「関沢《せきざわ》明清《あききよ》」によってアメリカから日本に移植され、それが定着した魚である。宮崎のニジマスは、昭和25～26年頃にニジマスの養殖の先進地である長野県から発眼卵《はつがんらん》で移植されたものである。ニジマスと一口で言ってもその中には色々な系統がある。年1回の産卵系の普通のニジマスから、埼玉県水産試験場等が努力して作り上げた1年に2回も産卵するニジマスもある。またアメリカの学者が開発して作り出した「ドナルドソン系のニジマス」や蓬莱養魚場《ほうらいようぎょじょう》で突然変異から出てきた蓬莱《ほうらい》マスもある。また無斑《むはん》系（パーマークのない魚）のニジマスで極端な遺伝子を持つ脳下垂体《のうかすいたい》が欠落したコバルトブルー色のコバルトマスや我々が開発した高水温に強い「高《こう》水温耐性《すいおんたいせい》ニジマス」がある。高水温マスには米良高温系マスと小林高温系マスの2種類がある。

その中でもアメリカのドナルドソン博士が長年にわたる研究の末開発したドナルドソン系ニジマスは有名である。宮崎には米良の山奥で一生懸命ニジマスの養殖に努力している浜砂忠一《はますなちゅういち》氏がいる。国の養殖漁業研究所の日光支所から昭和42年頃にこのドナルドソン系ニジマスの発眼卵を入れて同じ系統のニジマスから採卵飼育を行いニジマスで採卵する系代培養《けいだいばいよう》（同じ系統

上左：小林高温系親魚　右：米良高温系２年魚
下左：米良高温系の熟度検査　右：小林高温系の計量

のニジマスから採卵し飼育を行い親魚を作ってそのマスから採卵すること）をしてきた。送られてきたニジマスの卵の中にも2年目からの成長の良いものやニジマスの卵径の大きいものや1尾当たりの卵重の多いものなどの3つの系統が混ざっていた。ニジマスも陸封型の魚であるので当然親帰り遺伝子を持っている。それはスモルト化といわれグアニン色素が体表に集まって耐塩性の性質が備わるようになる。いわゆる河川を降って（遡《そ》下《か》性質《せいしつ》）海に出ても生きられる性質である。見た目ではシルバー色に見えるため我々はシルバー魚と言っていた。このシルバー魚は成長は普通のニジマスより良いものの卵は持たず採卵前に選別されて食用魚として出荷されるものが多い。またニジマスにはウイルス性疾病《しっぺい》が古くから知られている。これはニジマスがアメリカから輸入されたときに一緒に持ち込まれたものである。最初に宮崎に入って来たニジマスの病気は「IPN」というものであった。日本語に訳せば伝染性膵臓壊死症《でんせんせいすいぞうえししょう》という。宮崎のニジマス養殖は昭和40年頃より主に霧島山麓で隠居《いんきょ》仕事としての庭先《にわさき》養魚が増えてきた。当時は何でニジマスの稚魚がふ化して2週間以内にこんなに死ぬのか解らずこの病気のことを「ニジマス稚魚の春《はる》先不明病《さきふめいびょう》」と言っていた。のちにこれはウイルス性疾病であることが解ってきた。電子顕微鏡に映し出されたウイルスの影像は月などに軟着陸する人工衛星とよく似た12面体をしていた。これがアメリカから日本のニジマスの主産県の長野県や静岡県に入り、それらの県からニジマス種卵を移入していた宮崎県にも蔓延《まんえん》したということになる。その上、昭和48年の暮れから昭和49年の春にかけてこれらのニジマスの主産県に今度は「IHN」（伝染性造血器壊死症《でんせんせいぞうけつきえししょう》）が蔓延して大被害を与えた。このために宮崎県水産試験場でもこれらの病気に強い自県産のニジマスを作ることにみんなが一生懸命になった。IHNもウイルス性の病気で電子顕微鏡で撮った写真を見せてもらったが、それはまるで鉄砲の弾の形をしていてラブドウイルスと言っていた。このウイルス病は小さいニジマスから大きなニジマスまで罹るので始末が悪かった。当時小林総合養魚場では年間約100万尾のニジマス稚魚を生産して霧島山麓のニジマス養殖業者が作った任意組合の「ニジマス協会」を通して県内の養鱒業者はもちろん、最盛期には九州一円にニジマス稚魚を販売し成魚のニジマスは大手のスーパー等に出荷していた。また水産試験場小林分場となっても米良《めら》試験地で採卵を行い小林分場で稚魚にしたものを多いときは200万尾近くも出荷していたのである。

上：高温マス作出装置
下：ニジマスから派生したアルビノ

23. 高水温耐性ニジマス

魚と水温というものはきっても切れない関係にある。魚には適水温《てきすいおん》というものがありその生息範囲は何度～何度であり何度℃前後が最も適水温であるという表示がなされている。ニジマスも0℃～22℃が生息範囲で15℃前後が適水温であると言われている。それでは適水温より高水温域でこの魚を養うと、どのような変化が現れるであろうか。まず魚体内のホルモンのバランスがおかしくなり、体色も黒化あるいは黄色化《おうしょくか》して黄脂症《おうししょう》という一種の魚病に罹りへい死する。ところが群れで飼っているとその中の何割かは高水温に強い性質を持ったニジマスが生き残る。それを何代かに渡って選抜淘汰（生き残ったニジマスから採卵し、育てた親魚から採卵する）していくと40℃の風呂の中ででも生息できるニジマスができるのではないかと言う誠に素人的考え方で取り組んでみたのがいわゆる「宮崎の高温マス」なのである。このように既存の概念を変えようという試験はそう一朝一夕にはでき上がらない。

まず東北の長野県や関東の静岡県から取ったマス卵を宮崎で何代か養ううちに宮崎に適したニジマスができ上がる。それを使って高水温処理を行っていくが高水温処理方法には2通りの方法がある。一つは通常の飼育池を使って夏場の飼育水温が18℃前後であるものを止水（注水を止める）にして30℃近くまで上昇させれば当然高水温に弱いニジマスは次々にへい死する。飼育池のニジマスが3分の1程度残ったところで止水を流水に変えて水温を25℃前後に落として生き残ったニジマスを飼育する。このマスから採卵を行う方法が1つである。もう1つの方法は500ℓパンライト水槽に35℃の高水温を作りこの中に5～10尾のニジマスを3分間入れて生き残ったマスを普通の水温に返して飼育する方法である。

上：ニジマス稚魚の選別　下：ニジマス稚魚の輸送

高水温マスが小林総合養魚《こばやしそうごうようぎょ》場《じょう》でできたのにはそれなりの背景がある。西米良村にある米良養魚場では何の障害もなくニジマスの採卵飼育が徐々にできるようになった。それに対して小林総合養魚場は設立当初からニジマスの採卵に関しては大変な苦労をしていた。採卵して卵は取れるのだが取れた卵は過熟卵《かじゅくらん》であった

高温マスの熟度検査

り未熟卵《みじゅくらん》であったりしてなかなか完熟卵《かんじゅくらん》ができない。受精させて網目状のアトキンスふ化盆にいれて、今度は上手くいったと思ってもマス卵は発眼するまでに30日くらいかかる。小林総合養魚場で採った卵はふ化する段階でほとんどが死卵となって真っ白になっていた。初代場長の鮫島《さめじま》さんが、米良養魚場ででききることが小林でできないはずがないと、日夜研究に没頭した。それがどうしても不可能なことだとあきらめたのは10年くらい経ってからであった。しかし小林総合養魚場は周年通して16℃の湧水が出るので、夏場は涼しく冬は暖かいしニジマスが成長するには最適の水温である。米良で12月に採卵されたニジマス卵を小林に持って来て飼育すると4～5月には10～20gのニジマスの稚魚になる。それから3～4カ月後には100gの塩焼きサイズのニジマスができ上がる。そこで米良で採卵したニジマス卵を小林総合養魚場で1年と5カ月養うと200～300gのニジマスになる。これを米良の水温で養える4～5月に米良養魚場に持って行ってその年の11月まで養うと500～60

上左：ヤマメ卵の出荷　右：ニジマス卵の選卵
下左：高水温処理でへい死した親マス　右：小林高温系のニジマス卵

０ｇのニジマスの親魚ができ上がる。これが２歳魚のニジマス親魚で採卵数は５００〜７００粒と少ないし卵径も小さいが立派なニジマス親魚である。

この飼育過程に少し手を加えて夏場の気温の最も高いときに32℃の温水の中に３分間浸けて生き残ったものだけを親魚候補として米良に上げたものがいわゆる米良高温系という高水温マスなのである。このニジマスは水温25℃でも餌を食べるし活発に泳ぎ回る。河川水を使用して釣堀を行っている所ではいままでのニジマスでは23〜24℃を越えるとニジマスが死んでしまうので夏場の釣堀はできなかった。このマスを使えば夏場の水温が25℃を越えて27℃くらいの水温であれば十分に夏でも釣堀ができるようになった。

もう1つの高水温マスは小林高温マスという。このマスは小林分場で一貫して採卵からふ化稚魚生産、親魚生産を行ったものである。初代場長の鮫島《さめじま》さんをして不可能と思わせたこの試験を完成させたのは若い研究者で西小林《にしこばやし》出身の神田《かんだ》技師であった。彼はそれまでにほぼでき上がった米良高温系のニジマスを使って夏場に飼育池を止水にして池水温を18℃から31〜32℃くらいまで高温にして池の中のニジマスが1／3くらいになったところで注水を始める。米良試験地で冬場6℃から夏場22℃になる水温のS字カーブを小林の池で通常16℃から夏場31℃のS字カーブで飼育することでニジマスから採卵、ふ化する発眼卵を作り出すことに成功した。でき上がれば簡単なように思われるが、当初はニジマス卵のふ化率が0・4％ということであった。ごく一握りの稚魚からどんなに良くても5％ぐらいのほんの数尾のニジマス親魚を作り、苦労して作り出したものが「小林高温マス」である。これらの高温マスは長野県水産試験場が幹事県をする全国養鱒技術協議会《ぜんこくようそんぎじゅつきょうぎかい》で全国の養鱒業者に広く認められて特に南九州の高水温域でニジマスを養う民間業者の力づよい種苗となったのである。九州の高水温域で養われるだけでなくネパールの水産試験場にもこの高水温耐性マス卵が送られている。

24. 丑の日のウナギ

毎年、土用の丑の日が来ると国富町《くにとみちょう》から2人のおじさんが「淡水」にやってきた。いつも50～60kgのウナギを淡水の餌場でさばいていく。ウナギの方は前の年から我々がやっとシラスウナギの餌付けに成功したクロコ（シラスウナギを餌付けして10gくらいにしたウナギ）に育ててこれを次の年の土用の丑の日までに成鰻《せいまん》にする。300kg～1tのウナギを作るので50～60kgのウナギはどうということはない。

2人の叔父さんは国富町の漁業協同組合の人で古くから淡水漁業指導所との付き合いがありかならず土用の丑の日がくるとウナギ割きに淡水に毎年出てきた。古くからの付き合いというのは淡水の一番の事業であるコイ仔作りに必要な柳の根を集めるのに国富の川にある柳の根が必要であった。当時はまだ合成繊維で作られたキンラン等の魚巣《ぎょす》がなくこの柳の根を国富の漁業協同組合にお願いして毎年集めていた。

まずウナギを割くにはカンナのかかった5分板を机の上に載せてウナギの頭にキリを突き立ててウナギ割き専用の三角刀でエラの所から背開きに切っていく。背骨を取ったのち頭を2つに切って1尾のまま皿に並べる。ポリパックに5～6尾を入れて新聞紙で包みあげる。我々へたくそがやるとウナギが波打ってなかなか背骨の上を切っていくことができず最初からウナギの皮だけを切っていく。次に背骨を取ろうとすると背骨にいっぱい肉がついてしまう。力を入れすぎると背骨を切って下の肉まで切ってしまい、なかなか上手くウナギを開くことができない。この2人の叔父さんはまるで背骨と肉とを精密機械で計ったように切り開いていきウナギの尻尾の所までまっ二つに開いてしまう。我々は元気のいいウナギであればまず掴むのに一苦労し仮に掴んだとしてもウナギの頭にキリを立てるのにまた苦労する。

ウナギを割くときは色々な方法がある大きく分けて背開きと腹開きの2つに分けられる。背開きは関西地方で多く見られる方法で我々の所もこの方法で行っていた。腹開きについては関東地方で見られるがウナ

上：綾試験地でウナギの餌を作る著者　下：綾試験地でのウナギの選別（右　藤原さん、左　深田さん）

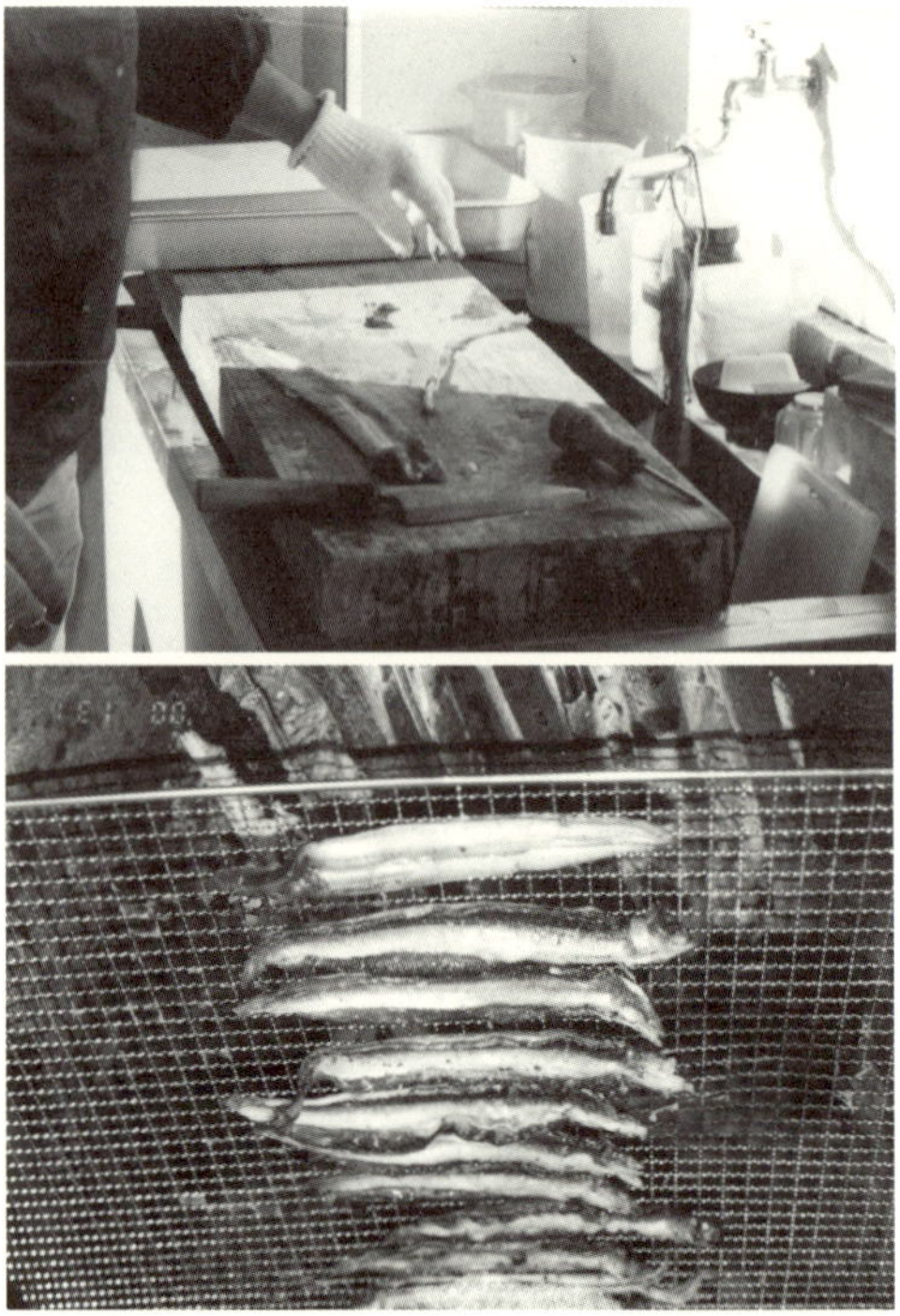

上：背開きのウナギ　下：ウナギの素焼

ギ養殖の発祥の地である静岡県のウナギ加工工場で腹開きをする職人技を見たことがある。ウナギの串刺し機械と競争してウナギを割くのにはびっくりした。ウナギ割き職人は高下駄をはきウナギを割く包丁はまるで菜切り包丁のような大きいものであった。淡水にきた2人が使用していた包丁は自動車のスプリングから自分達で作ったもので片刃の三角刀にカーブを持たせた小さな包丁であった。包丁の厚みは3～4㎜もあって刃先は鋭く鋭角にきりこんでいる。私も2丁くらい作ってもらった。普通は肥後の神（切り出しナイフ）を使うのだがこれだと何kgものウナギを割くと手が痛くなる。この人達のウナギの割き方はウナギを載せるまな板にクギを逆さまに打ちクギ先のとがった方にウナギの頭を刺すと先ほどの包丁で頭から背開きでスラット尾びれの先までまるで割く道があるかのように割いていく。

これらの国富の漁業組合の叔父さんたちがさばいたウナギは我々淡水漁業指導所の職員に配られる。また県庁のお偉方の所に配られたがそれも世間体を考えて自宅の方にそっと持っていくのであった。配る方も考えて配るが特に予算を貰うのにその方面のお偉方には間違いのないように実に綿密にウナギを配っていた。そうすると良くしたもので次年度の予算はほぼ満額認めてくれるといった仕組みになっていた。

ウナギの素焼

このようにしてさばかれたウナギを1匹まるまる金網に載せて焼いていくとウナギの素焼《しらやき》ができ上がる。それを冷蔵庫に入れていつでも好きなときに取り出してタレをかけて焼き直し白いご飯の上に乗せて食べるときが、よくぞウナギの養殖技術を勉強したものだと思うのである。宮崎の川にもシラスウナギが沢山遡上していた頃の話である。

25. エノハ

県北のエノハの養殖業者で、若い頃から自分の所の川からエノハを捕ってきてエノハの養殖に成功した人がいる。この人の所から出荷された魚が病気に罹《かか》ったとか、ヤマメだというので買ったが3割はアマゴが入っていて身が軟くてなかなか売れない、という話を聞いた。宮崎日々新聞社賞を貰うほどの男がどうしてヤマメとアマゴの区別がつかないのだろうか、また我々淡水と同程度のヤマメの養殖技術を持つものがどうして魚病の防疫《ぼうえき》ができないのか、とかなり長い間、疑問におもっていたがふとしたことからその疑問が解けてきた。それはある研究会での大分県水産試験場の若い技師の言葉であった。大分の技師は我々の所ではヤマメやアマゴのことを総称してエノハというそのエノハを養殖して増やしているといった。確かに専門書によれば大分県はヤマメ・アマゴが生息域となっている。しかし宮崎県はヤマメは生息しているがアマゴは生息域とはなっていない。そこでエノハはヤマメと考えていた我々の方が間違っていたことに気がついた。

ひょっとすると県北のヤマメ業者の所は大分県に近いのであの辺りの川にはアマゴも生息しているのではないだろうかと考え直すようになった。エノハというのは「枝《えだ》の葉《は》」から出た言葉といわれている。秋も深まり綺麗に紅葉した「枝の葉」がすんだ谷川の川面に落ちて美しい紅葉は流れて行くうちに魚になったという。ヤマメやアマゴのことをエノハという話を昭和45年に発足した初代の宮崎県水産試験場長の児玉《こだま》さんから聞いたことがある。私はなるほどエノハを出荷するのであればヤマメ卵だと言って取っても3割くらいのアマゴが混じっていてもおかしくないと考えるようになった。しかし水産学者は純系保存《じゅんけいほぞん》といって宮崎県のヤマメは代々そこにいる原種を保存したいと思っているしそれを実行している。宮崎では西米良村にある水産試験場米良試験地の一ツ瀬川上流の米良系ヤマメ、椎葉村《しいばそん》の椎葉信雄《しいばのぶお》氏によって耳川《みみかわ》上流の椎葉系ヤマメ、それから沖水川《おきみずがわ》の池辺《いけべ》美紀《よしのり》氏によって大淀川《おおよどがわ》の上流の三股系《みまたけい》のヤマメなどの原種が知られている。しかし最近は養殖が盛んになりあちこちからアマゴやサクラマス等の稚魚が移植されて自然水域での純系保存がしにくくなったのは誠に残念なことである。ヤマメについては米良養魚場で米良の山奥の石堂川《いしどうがわ》のヤマメを集めて養殖に取り組んでいる。宮崎原産の米良ヤマメと日本で最初にヤマメの人工孵化に成功した東京都の奥多摩分場から発眼卵を取り寄せて

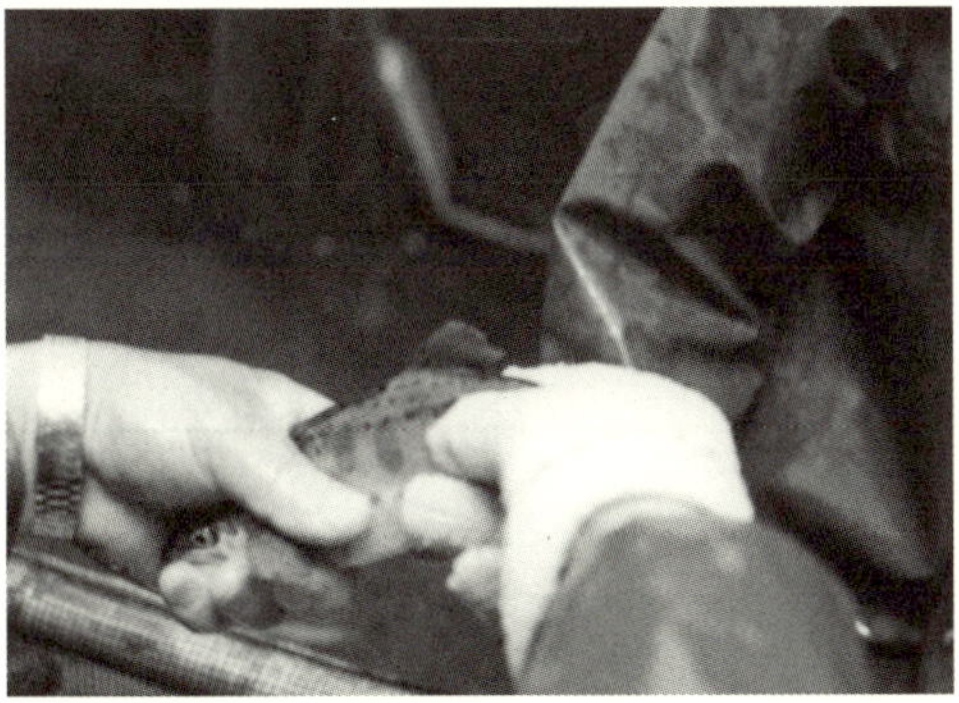
ヤマメのツマグロを調べる

上：ヤマメの稚魚　下：奥多摩系ヤマメ

年々この2つの系統だけを純《じゅん》系培養《けいばいよう》してきた。最近ではその土地の原種を保存することが大切である、ということで水産試験場では米良系ヤマメ一本でいこうという考え方に変わりつつある。

ヤマメにも色々と面白い話がある。ヤマメは非常に気性の激しい魚で肉食性で何でも食べるので有名だが、椎葉のヤマメ養殖業者の話では、ヤマメ養殖池に入ったマムシをヤマメが一口に呑み込む所に出会ってあわてて写真を撮ったらしい。是非チャンスがあれば一度その写真を見せて貰いたいものである。またニジマスのアルビノは体色は黄色で眼が赤い綺麗なさかなである。ヤマメにもニジマスのアルビノ程はいかないがアルビノがいるという話を聞いた。やはり体色は黄色い色に似た茶褐色で眼は赤くはなく黒いらしい。何万尾も養っているとその稚魚の中に黄色い色をしたヤマメの稚魚がいるという。しかし成魚になる頃には普通のヤマメと区別がつかなくなるらしい。稚魚のときの綺麗なヤマメのアルビノの写真を見たいものである。

またヤマメというのはサクラマスの陸封型であり、アマゴはサツキマスの陸封型である。だからサクラマスの遺伝子を十分に持っているヤマメを海で養うと綺麗なパーマークは消えてサケのような銀白色のサクラマスになる。この様にヤマメが銀白色になることをスモルト化と言う。降下型のシルバー系やツマグロ（ヤマメの背鰭の上の部分に黒いすみをつける）が多いほどサクラマスに近くいわゆる陸封されてからの時間が短いことになる。米良のヤマメはこのツマグロを探すのが大変で1万尾に1尾か2尾で陸封されてかなり長い時間が経っているものと思われた。最近、県北のヤマメ業者が水産試験場と共同で延岡市浦城《うらしろ》にある水産振興センターの中間育成場でヤマメをサクラマスにする試験を行って「宮崎サクラマス」の銘柄で出荷している。色々と問題があるが上手く行くことを願っている。

26. 陸封アユ

内水面《ないすいめん》の魚を扱うとコイやウナギについてはあまり聞かれない言葉であるが、アユやマス類では「陸封《りくふう》された魚」という話がよく聞かれる。陸封アユ、ニジマス、ヤマメ、アマゴ、全て陸封魚である、ニジマスは海にいるスチールヘッドが陸封化したものであり、ヤマメはサクラマスの陸封化したもの、アマゴはサツキマスの陸封化したものである。

陸が閉じこめた魚とは一体何であろうか？　もともと生物は海で誕生してサケのように産卵のために川を遡る魚がいるかと思えば、アユのように産卵のために河口付近まで降りてくる魚もある。

しかし陸封された魚というのはその魚の再生産サイクルに海が関わらないということである。ならばその魚の再生産サイクルの中に海の代わりをするものがなければならない。それが人工的に造られたダムであり、御池のような自然な火口湖《かこうこ》である。

宮崎県で最初に陸封アユが発表されたのは西米良村に造られた一ツ瀬ダムにおいてである。昭和41年から比較的安定したアユの陸封が見られている。一ツ瀬川は宮崎、熊本両県の市房山《いちふさやま》と高塚山《たかつかやま》にその源を発し、県の中央部を東南に流れ、途中、小川川《おがわがわ》、銀鏡川《しろみがわ》の清流を集めて河口付近では三財川《さんざいがわ》を合わせて日向灘《ひゅうがなだ》にそそいでいる。

しかしこの一ツ瀬《ひとせ》川は発電のために昭和34年10月にアーチ式の一ツ瀬ダムが着工され、昭和38年6月より発電を開始している。またこの下には西都《さいと》市杉安《すぎやす》にも杉安ダムが造られている。

一ツ瀬ダムに棲息する主な魚類はコイ、フナ、ヤマメ、ウナギ、ブルーギル、ウグイ、ナマズ、オイカワであるが、最近は琵琶湖のアユと共に運ばれてきたハスやブラックバス、ニジマス等も棲息している。また湖内においては、昭和43年度よりコイの生簀《いけす》養殖（小川川）が行われている。

宮崎県では昭和25年以来コイ、フナ、ニジマス、アユ、ウナギの放流事業が行われている。昭和41年には全国的に稚アユが不漁で放流できなかったのに、一ツ瀬ダムの上流で多量のアユが漁獲されたことが一ツ瀬ダムがアユが陸封したことが発見されるきっかけとなった。これは昭和40年に琵琶湖産稚アユを12万尾放流したものが陸封したものである。

昭和41年6月下旬に背水点（バックウォーター）より上流10km間において、平均全長19・5cm、体重70gのアユが多量に棲息したが年々小型化し、昭和46年頃になると全長5～10cmまでしか成長しないものがほとんどで、春期には25～30cmの越年アユと思われるものがかなり見られた。漁獲量も陸封初年を除いては横ばい状態であった。

昭和42年の産卵場の調査では、産卵場は確認されていないが、昭和43年11月に産卵場を確認している。産卵場は背水点より上流10kmの間に5ケ所と支流の排水点付近であったが、その後の調査で本流の背水点から約500m間が主産卵場となっている。水深が10〜25㎝の川床が小石で比較的ゆるやかな瀬が多かった。

一ツ瀬ダムのアユの産卵開始時期は、普通の河川のアユに比べ比較的早く昭和42年は8月上旬から、昭和43年は9月上旬から、昭和44年は9月中旬から、昭和45年は9月上旬から、いずれの年も産卵盛期は9月下旬から10月下旬で、河川のアユの産卵盛期が11月であるのに対し、陸封アユはかなり早くから産卵を始め、10月下旬には産卵が終わると思われる。

産み落とされた卵は2週間くらいでふ化して一ツ瀬ダムの中に落ちていくがここで一ツ瀬ダムの動物プランクトンのフクロワムシやゾウミジンコやケンミジンコを食べて大きくなり春になるとまた流れ込んでいる河川を遡上し始める。

昭和42年はこれらの稚アユの採捕を重点的に行っているが、稚アユを取る漁具は「落とし網」や「四《よ》つで網」と「淡水」の深田《ふかだ》氏が考え出した「タンタン落とし」（徳島県吉野川で用いられた採捕法を改良したもの。上流の発電所の稼働による水位の変動を利用して、稚アユを箱に落とす仕掛け）により稚アユの採捕を試みているが、「落とし網」や「四つで網」による採捕では取れたのはオイカワのみで稚アユは1尾もとれなかった。

これに比べ「タンタン落とし」は約40日の操業で6万千尾の稚アユが採捕されて、サイズは平均全長が3・5㎝、体重0・2gであった。また昭和43年度には地元漁協が多量の稚アユを採捕している。

その後昭和44年から53年までは採捕を行っておらず、昭和54年度に地元漁協がビン漬けによる採捕を行い種苗稚アユ80kgを採捕している。

アユ稚魚については、例年コイ生簀《いけす》養殖場（背水点より下流８km）付近で12月〜２月にかけて多量の稚アユの群を確認できるが、昭和54年は１月中旬と２月中旬に少量の群を確認している。３月中には背水点より５km下流で、４月中旬には背水点付近と上流５００mの所で多量の遡上稚アユを確認している。遡上稚アユは成長も良好で、全長が約４〜５cm程度であった。

また昭和55年２月中旬に船曳網《ふなびきあみ》で背水点より下流１kmの所で１８６尾の稚アユを採捕しているが、サイズは全長が２・６〜５・８cm、体重は０・０７４〜１・５８gで、またそれより下流の７００mで全長２・６〜５・８cm、体重０・０５８〜１・３８gを47尾採捕している。同じ方法で小川川《おがわがわ》のコイ養殖場付近で全長２・６cm、体重０・０６gの稚アユを４尾採捕している。また昭和55年３月に同じように船曳網を曳いているが、オイカワが73尾とウグイが８尾だけで稚アユは採捕されていない。

一方、銀鏡川《しろみがわ》の中流域でウナギ生簀養殖が行われていて、ここに集まる稚アユを認識したのが昭和55年３月から４月にかけて四ツ手網による採捕を行っているが、全部で稚アユが６７５尾、オイカワが３２７尾、ウグイが１２３尾、その他の魚が15尾取れている。稚アユのサイズは全長が3・82〜6・29㎝で体重が0・33〜3・13gであった。

このように一《ひと》ツ瀬ダムにおいては、昭和41年からアユが陸封《りくふう》をして年々陸封アユが再生産されているが、陸封当初は稚アユを取って上流河川への放流をしたもののその後の陸封アユについての調査はあまりなされていない。

昭和61年8月に西米良《にしめら》漁協の塚本《つかもと》組合長からの聞き取りによると、昭和61年度は鹿児島県から海産稚アユ100kg（サイズは8g／尾）と琵琶湖産稚アユ100kg（サイズは8g／尾）を放流した。昭和60年は渇水のため陸封アユの再生産は少ないと推定していたが、昭和61年は陸封アユが非常に多かった。そこで一ツ瀬ダムの横野《よこの》地区の上流「イノックロ」付近を禁漁区としてアユの産卵保護を計った。

また一ツ瀬ダムに多数繁殖しているブルーギルは昭和38年に2千尾と、昭和39年に3千尾を放流されたものであるが、陸封アユとの競合問題もあまり聞かれず、北九州方面から釣りマニアが大勢訪れている。

また琵琶湖産稚アユと共に一ツ瀬ダムに入ってきたハスについては、繁殖力が旺盛で駆除したいが方法がないので困っている。ハスは水面を飛ぶように泳ぐので川船の中に飛び込んでくることがあるほど多く繁殖しているが、産卵期になると浅瀬にくるので投網で取ることを考えている。またハスを目的とした釣り大会を開きハスを釣り上げたら殺してしまうことを考えている。

27. 導入魚ティラピア・ニロチカ

わが国における導入魚の歴史は古く、明治10年にニジマスの卵が挿入されて以来、昭和20年までに17種以上の魚貝類が、さらに昭和20年以降今日までに純然たる観賞魚を除いても40種以上が導入されている。

この中には産業対象と水族館の展示を兼ねた形で導入された魚種も含まれている。昭和20年以前の導入魚貝類で定着化したものは10種以上あるが、その中で企業化が行われた魚種はニジマスのみであった。

このニジマスも導入後約80年を経過した昭和30年代に初めて、その養殖が全国的な拡がりをみせたが、このように導入魚種の定着にはかなり長い年月が費やされている。

昭和21年以降の導入魚種で定着化したと考えられるものは約10種、定着化の可能性が考えられるのが数種ある。このほかフランスウナギをはじめ最初から再生産を期待していないものも数種類ある。

再生産され企業化の検討が進められた魚種はティラピアとブルーギル、ドイツゴイ等であり、ペヘレイとコレゴヌスペレッドが増養殖の対象種としてその適否が検討されつつある。これから企業化の進められた魚種の中で養魚生産が最近大きく向上してきたのがティラピアである。

淡水産の鯛《たい》「ティラピア」はアフリカ原産の食用熱帯魚であり淡水域、汽水域に棲息する魚である。アフリカ全土に約60種おり亜種を含めると100種以上にも及ぶと言われている。

スズキ目型スズキ亜目キクラ科ティラピア属である。わが国には本種の属するような科の魚はいないがウミタナゴ科に最も近いようである。ティラピア類は広塩性（広い範囲の塩分濃度

上：テラピア・ニロチカ　下：テラピア・モザンビカ

に耐える能力）であり馴化されると海水の１・５倍の塩分濃度にも耐え45プロミールの海水中でも産卵する種類がある。産卵は水底に擂鉢状《すりばちじょう》の産卵床を作り産卵する卵および稚魚を口腔甫育するものとしないものがある。

わが国に導入されているティラピアは８種類でティラピア、モザンビカ、スパルマニー、マクロセファラ、ニロチカ、ジリー、ガリレエ、マクロキル、メラノブルーラである。

この８種類の打出《うちで》最も大型になるのがティラピア・ニロチカで全長50㎝、体重２・５㎏にも達し成長も速やかで肉質も良く美味であることから企業化が進められている。ティラピア・ニロチカは、昭和37（１９６２）年にエジプトから導入したものである。

最近「チカ鯛《だい》」「湯鯛《ゆだい》」の名をよく耳にするが、実はティラピア・ニロチカ、のことである。

本種の養魚方法には温泉利用養魚、温排水利用養魚、加温式養魚、湧水越冬（16・０℃以上）、夏期養成などがある。なお海水の温排水利用養魚も現在検討が進められている。

なお昭和51（１９７６）年春京都で開催されたＦＡＯ（国連食糧農業機関）の会議においてティラピアが推奨魚種になってからは、養魚業界の関心はさらに高まり全国的な広がりをみせている。

本種の企業化は昭和45年に始まり昭和51年には４００ｔ以上の生産があり52年には数千ｔが見込まれるに至った。商品魚は関西地方では「チカ鯛」、箱根では「湯鯛」の名称がつけられて売買されてうる。

本種の商品体形は原産地では全長35cm、体重900g以上とされているが、わが国では体重800g以上が商品体形とされている。体重400g以上あれば、料理の方法如何では、商品魚として十分使用することができる。本種は料理面での幅は広く、刺身、鍋物、塩焼き、カレー揚げ、煮つけ、酢の物等いずれにも適し、特に刺身の薄作り・鍋物は鯛、ヒラメ類に匹敵するほど美味しいのである。

一方冷凍加工も可能である。冷凍上の処理方法としては、フィレー、セミドレス、ドレスの順でよく食味テストの結果では活魚との比較で刺身以外は全く遜色のないことも明らかになっている。

したがって、本種は近い将来に内水面、汽水面での主要な養殖魚として君臨する日も近いと思われる。以上のようにティラピアが企業化される過程でわが淡水区水産研究所《たんすいくすいさんけんきゅうしょ》が果たした役割を紹介しよう。

ティラピアは熱帯性の魚であるからわが国のような温帯地域の自然環境下では周年養魚することは現状では困難である。

導入後最初に着手したのは温泉利用による養魚の可能性の検討であった。成長、養殖、生態観察等を行い温泉水中でも養魚が可能であることを明らかにした。湯量が多い場合また温泉熱が高い場合には希釈清水を混合しるので湯量が多くなり流水形態で養魚ができる。

したがって1平方メートル当たり30～50kgの生産が可能である、泉質は単純泉、塩類泉は適するが、硫化物の含まれる温泉は使用できない。即ち魚体に臭気が移り商品価値がなくなる。

本種をできるだけ低い温度で越冬飼育することは養殖分野を広くすることになるので、16・0℃の湧水を用いて越冬中の歩留まりと成長について検討した、すなわち全長8・5cmの種苗を11月から翌年4月まで飼育すると、歩留りは65％前後で全長は約3cm伸長する、これを5月から10月までを止水池で養成すると800g以上に成長することを明らかにし、湧水越冬夏期養成法を確立した。夏期越冬中の体高、体巾と肥満度の変化を調べ産卵体形が全長20cm前後にあることを確認した。

温排水養魚《おんはいすいようぎょ》についても検討し、排水の質が良好であれば温水が養魚条件として極めて有効であることが明らかになった。即ち成長も速やかであり繁殖もする。水温が25～26℃であれば、ふ化後13～14ヶ月で全長34～35cm、体重800g以上に成長する。

海水仕様の温排水養魚については昭和46年北陸電力KK富山火力発電所では淡水の温排水飼育と同等の成長を示した。しかし海水への馴化時間の長短と魚の体形の大小が歩留を左右するという点が研究課題として残されたが、海水の温排水でも養魚は十分可能であることが明らかになった。
ティラピア・ニロチカの海水耐性は塩分濃度15パーミル、以下では直接放養しても１００％生存する。20～21パーミルでは６時間で１００％、12時間で約80％、24時間で約30％生残するが、48時間以降では10％の生残であった。28～30パーミルの海水では６時間以内に１００％死亡する。１００％海水への馴化所要時間48時間。

（著者註）――この項は、かつて東京日野市にあった国の淡水区水産研究所のおられた「丸山為蔵」先生が、我々のために書いてくださった「ティラピア」、および外国産新魚種導入についての文章から抜粋・要約したものである。当時同研究所には「加福先生」「竹内先生」「川津先生」などの淡水魚研究の先生方がおられた。宮崎の淡水漁業指導書の初代所長であった日高先生が、国の淡水区水産研究所の所長になられたので、これら日本の第一線の淡水魚研究者の指導を受けることができたのである。

竹内先生（左）

丸山先生（中央）、鳥越正男さん（右）、著者（左）

28. ブルーギル

ブルーギルという魚は昭和35（1969）年10月7日に米国イリノイ州シカゴ市のシェッド水族館で作られた18尾が日本へ導入された。導入の経緯は日米修好100年を記念して、合衆国大統領の招きにより渡米された皇太子殿下（現天皇陛下）に、シカゴ市長から4魚種が贈呈された中の1種である。

輸送は殿下と同便で空輸され、10月7日の正午に羽田空港に到着した。到着した4魚種の内、大型魚2種は上の水族館で一旦お預かりし、小型魚は東宮御所内の水槽に蓄養されていたという。その後、殿下のご希望により4魚種とも淡水区水産研究所でお預かりすることになったらしい。上野水族館の2魚種は10月8日に、東宮御所の2魚種は10月13日に淡水区水産研究所に移送された。

本種の到着時の総尾数は18尾で、全長11・2～16・7cm、体重25・2～101・0g、平均では全長12・7cm～体重45gであった。

コンクリート池に収容し、牛の肝臓、メダカ、どじょうで1週間餌付けしたあと、配合飼料のマス用ペレットを給与したが、よく摂餌したらしい。

昭和37（1962）年3月11日まで15尾が生存し、同年5月10日産卵繁殖した。繁殖魚3千尾を大阪府淡水魚試験場に分与し、同試験場から各地に拡まり、一時期には本種の養殖業者が出現して、年間20万t前後の生産があった。しかし成長が遅鈍なこと、商品魚の輸送時に魚体のスレが著しいことで、現在では養殖業者は存在しない。

大阪府淡水魚試験場から全国各地へ移殖されたブルーギルは、一碧湖《いっぺきこ》、大橋《おおはし》ダム、松尾川《まつおがわ》ダム、一《ひと》ツ瀬《せ》ダム、相模湖島では天然繁殖している。

以上は水産庁研究部資源課・水産庁養殖研究所から出された「外国産新魚種の導入経路」より抜粋したものである。

今県内のどこかのダムや河川・湖や池で見られるブルーギルはたった18尾の魚から繁殖したものである。

宮崎県へのブルーギルの導入については明確な記載がないが、宮崎県淡水漁業指導所が出している「事業・試験報告書」によると、昭和42年5月からと昭和43年4月に「ブルーギル稚魚生産試験」を行っている。たぶん昭和42年5月に親魚として155尾（メスが85尾、オスが75尾）を使っていることから考えて、ブルーギルが親魚になるのに1年半かかることから昭和40年の8月から11月頃に「大阪府淡水魚試験場」から宮崎に移送されたものか、おおもとの「淡水区水産研究所」の加福技官が昭和41年12月1日に「淡水漁業指導所」に2千5百尾の鮫魚陸封性アユの調査」の「3．一ツ瀬ダムにおける一般漁業の概要」の中に昭和38年度に2千尾、昭和39年度には3千尾、計5千尾のブルーギルを一ツ瀬ダムに放流していることから「淡水区水産研究所」からダイレクトに昭和38年度に淡水漁礁指導所に移殖されたとも考えられる。

先ほど述べた昭和43年度の「一ツ瀬ダムにおける陸封性アユの調査」の「3．一ツ瀬ダムにおける一般漁業の概要」には次のように書かれている。

一ツ瀬ダム上流の居住者約90％が山林農耕を主な業としており、一ツ瀬湖の漁業については、専業者は一名もなく総て遊漁者である。同湖増殖事業の主体は西米良漁業協同組合となっており、組合員は約５００名で組織されている。

ダム内に生棲する魚類は下記のとおり（主な物）1．アユ、2．コイ、3．フナ、4．ウナギ、5．ブルーギル、6．ウグイ、7．ナマズ、8．オイカワ

アユについては、本県が本格的にアユの河川放流を始めてから毎年放流をしてきた。昭和40年度は琵琶湖稚アユ12万を放流し、そのアユが陸封化し繁殖している。

ブルーギルは昭和41年度より急激に繁殖し、現在10㎝前後のものが全域に繁殖し生棲場所として、支流、入江に多く谷間の渓流が流入し枯木等による陰影のある場所を好むようである。水面下約１ｍ位のところに多く見られる。3月から5月頃が最盛期で大物が釣れ、6月以降は

小物で上手な人は1日に約100尾以上は釣っている。群れをなすことは少なく、バラバラに生棲している。

3月から11月頃までは、アユ、ブルーギルの釣り客が多い。県内の釣り人は80%がアユを目的としているが、県外から来る釣り人は90%がブルーギルを目的にしている、と同調査には書かれている。

このようにブルーギルが繁殖すると他の魚種に対してどのように影響するかが、今後の問題である。今までの聞き込みによると、大物で29〜30cm、最も釣れるのは10cm、12cm位のものが多い。

昭和42年度頃までは一ツ瀬ダム内に釣りに来る人は、アユ、コイ、フナを目的として来ていたが、昭和43年度は約90%がブルーギルに目的が移っている傾向にある。アユ漁者は地元漁民のみである。

＊ダムにおける漁獲高の順位は下記の通り。1位がブルーギルで、2位がアユ、3位がコイで、4位がフナで。漁獲した魚は殆ど自家用としている。

淡水漁業指導所では、昭和42年5月から10月まで本所の第二養魚場において「ブルーギルの稚魚生産試験」を行っている。前にも述べたように、155尾の親魚を140坪の泥池に入れて鮮魚、仕上ヌカ、マッシュ、ペレット、粉乳を給餌して5万4360尾のブルーギルの稚魚を作っている。

放養した翌朝から産卵床を作り始め、3日後には50～60個の産卵床が見られ、産卵床は池中央部から排水側に10～20個を1グループとして数群の産卵床を作っていた。産卵床はほぼ円形で径平均は60㎝、深さが8㎝程度であった。口吻をもって産卵床を作るため硬い泥や小砂利等で裂傷を生じへい死した親魚が5尾見られた。

餌としては最初はアオコ（植物プランクトン）の補給を行い、その後は粉乳を散布して続いて人工飼料の魚粉や仕上ヌカに切り換えている。5万4000尾を生産したといってもほとんどが2～4㎝サイズの小さなブルーギルで10㎝以上のものは360尾にしぎなかった。稚魚が不揃いのため取り揚げ時に網ずれを起こして2割以上のへい死を見ている。へい死は小型魚がほとんどであった。

また昭和43年度にもブルーギル稚魚生産試験を第2養魚場の170坪の泥池で4月から9月まで172日間飼育しているが、この時は6ｍ四方の金網で枠を作り親魚を250尾放養している。産卵床は4月下旬から作り始め床径は50～60㎝、深さは8㎝で30～40個が確認されていて5月上旬には稚魚が見られている。昨年同様親魚15尾に口が裂傷を負ったへい死魚が出ている。

取り揚げ結果は稚魚は4万尾で前年より平均体長4㎝、体重1・3ｇと少し大きくなっている。

また一ツ瀬ダムにおいて昭和44年11月に「陸封アユとブルーギルの競合問題」について調査を行っている。それによるとアユの産卵期が9月～11月であるが、これはダムの上流で産卵された付着卵であることから卵そのものがブルーギルに捕食されることはないと思われるが、しかし食害が懸念されるのはアユ卵がふ化して降下稚《こうかち》アユがダム内に棲息し遡上するまでの冬期間にブルーギルやその他の魚による捕食が考えられるが、このことについてはブルーギルを捕食し採捕時に10％ホルマリンを腹部に注射して、内臓を固定して胃内容物の調査をしている。それによると全長12～13㎝、体重50～60ｇのブルーギルが捕食しているものは、水生昆虫　沼エビ、木の葉、稚貝等であるが、稚アユの捕食は確認されていない。

またブルーギルのダムでの産卵期は6月～8月であるが、この時期はダム内で植物性プランクトンや動物性プランクトンが最も繁殖する時であり、飼育池でブルーギルの種苗を作る場合にアオコ（植物性プランクトン）を作りその中にミジンコやワムシを入れてやると稚魚の歩留まりが高いのと同様にブルーギルがダム全体に繁殖する原因となっている。

ブルーギルという名前の由来は、読んで字の如しで「青いエラ」ということだが、これはエラぶたの上の方が青い色をしている所から名づけられたものである。この魚はサシミ、塩焼き、唐揚げ等にして食べるが、小骨が多いことと骨がやや硬いことを除けば、白身で美味しい魚で

野尻湖で漁獲されたブルーギル（上）と
ブラックバス（下）

ある。

ブルーギルについては、次のような思い出がある。小林市議会の赤崎《あかざき》議員が小林分場の仕事についてあまりよく知らないので、小林市議会委員の勉強会で話をしてくださいということで、小林市議会委員の前で話をしたことがある。一応小林分場の話が終わって何か質問はありませんかと聞くと、議員の1人が野尻湖《のじりこ》でブルーギルが増えて困っている、何か駆逐するいい方法はないかと聞いてきた。そこで私は、ブルーギルは、現天皇陛下が皇太子の頃シカゴのシェッド水族館からいただいてきた魚であるから、駆逐するというのは少しまずいのではないですか、白身で美味しい魚ですから、釣ったら持って帰って食べて下さいと言うと、そうですかわかりましたという答が返ってきた。余談になるがその当時の小林市議会議長が元小林市長の堀《ほり》氏であった。

29. キャバレー

最近は飲みに行ってもスタンドバーかスナックで酒を飲んでカラオケを歌って帰るか、良くて女の子とチークダンスをして帰るくらいが安月給の我々では普通でキャバレー遊びはとてもできそうもない。

「淡水」時代は実に色々な口実で出張をさせてもらっていたが、結局は年度末に予算が余るとその年度内に予算を消化するために先進地視察という名目で出張するのだが実際行ってみるとどちらが先進地なのか判らないというのが普通で、そこそこで魚を養う条件も違うし、視察に行った所のまねをそのまま持ち帰るというわけにいかないことも往々にしてある。

いつものように予算の消化のため鹿児島県に出張したが、一応池田湖《いけだこ》のウナギと指宿《いぶすき》の内水面試験場《めんしけんじょう》の養鰻《ようまん》を見せてもらって、その夜は鹿児島市内に深田氏と泊まることになった。本来、ジーッとしていることのない深田氏は海岸通にある〝鹿児島漁網《かごしまぎょもう》〟に行ってみようということになって、私ものこのこついていった。〝鹿児島漁網〟からはため池の魚を取るときに使う〝曳き網〟やコイ仔を活かす〝生かし網〟等から池の中の魚を捕る〝小型の曳き網〟や小さなタモ類の網地は総てここから取っていたので、向こうとしてもこれはと会社の専務さんが快く迎えてくれた。もしよければ今夜一緒に飲み方に行きましょうと言う。もともとそれが目的のこちらとしては二つ返事ですぐに引き受けた。

着替えをすぐに済ませた専務さんは、私たちを連れて繁華街の天文館《てんもんかん》〝いづろ（石灯篭）通り〟の方へと歩き出した。どこか行きつけのスタンドバーで飲みながら次の網地の注文の話でも始まるなと思いながら、シブシブ歩いていた。とある店の前で止まってずかずかと店の中に入って行った。

深田氏に連れられて私もそれから会社のお伴の人が2人くらい入って行った。入ってみて私はびっくりした。今まで見たこともない〝キャバレー〟なのだ。正面には大きなステージがあり、「ナマのバンド」が音楽を奏でてステージには40人～50人のホステスがピンクのユニホームを艶やかに着こなし番号を胸に付けて一列にずらりと並んでいて客のタバコと酒の臭いがその部屋一面に漂っていた。

まるで夢の世界に飛び込んだみたいな雰囲気を漂わせていた。テーブルに座るとまずビールが運ばれてくると同時にホステスが4～5名やってきて男と男の間に座った。次いでオードブルと果物が運ばれてきた。余りの驚きに仰天していた私はそのときのホステスは美人が多かったと思うのだがいまだにはっきりとその顔を思い出せない。

やがてステージではショーが始まった。テレビでよく見る中尾ミエさんがチャイナドレスを艶やかに着こなして歌い始めた。一曲歌い終わった彼女は客の方を向いてチャイナ服の割れた所を少し吊り上げながら、「私が中尾ミエです」と挨拶をした。当時のことであり、テレビは白黒、芸能人など見ることはまずなかったので、なんときれいな〝ねえちゃん〟かと思い、〝中尾ミエ〟にすっかり魅せられてうっとりしていた。

約1時間くらい歌を歌ってくれたが、何を歌っていたのかは今となってははっきりとは思い出せない。

「かわいいベイビー」を歌っていたのは微かに覚えている。あっというまに時間は過ぎて2時間くらいでキャバレーを出て店の人にお礼を言って駅前の安い旅館に泊まった。次の日に鹿児島県の式根《しきね》の坂を宮崎の「淡水」に向かって一目散《いちもくさん》に帰って行った光景がいまも記憶にかすかに残っている。

30. キャタロウ

「キャタロウ」は「来よったよ」という意味の方言。

淡水の現業職の3人トリオの1人である恒吉《つねよし》さんは恒久《つねひさ》地区の地主の長男坊である。何故か子供に恵まれず百姓をしながら役所に通っていた。現業職のほかの二人は恒吉《つねよし》さんと趣味がやや異なっていてパチンコや賭け事が好きであった。彼はもっぱら酒を飲むことが楽しみであったが酒量は一升口の方ではなくいわゆる酒飲みの間で言われている「ベラ」（少しの酒でべろんべろんになる人）であった。

1〜2合も飲めばすぐ酔ってしまってベラベラになる。みんなは恒吉は「ベラ」だと言っていた。酔うとすぐ口癖のように美空ひばりさんの「花笠道中」を「もしもし石の地蔵さん　西へ行くのはどっちかえ」と歌いだすのである。容姿たるや頭の毛が薄く丸顔で色が白く足は短くて太股あたりに殆ど毛がなくて体つきはガッチリしていた。いわゆる地元の百姓のおじさんが酒に酔って頭をふりふりあの歌を歌いながら道路を歩くのだから外から見ていると実に面白い。何故この歌を歌うのかとなるとこの人は酒に酔うと方向音痴になり自分の行き先が判らなくなる癖があった。ある時は役所で飲んで大淀《おおよど》の飲み屋に行ったまではよかったのだが、大淀の飲み屋を出て恒久の自分の家に帰るつもりが橘橋《たちばなばし》を渡って橘《たちばな》通りを過ぎて宮崎大橋を渡って、戦場坂《せんじょうざか》の先で夜が明けて酔いがさめあわてて引き返してくるという有様であった。

恒吉さんの一番大切な仕事は南高校の横にある田吉池田池《たよしいけだいけ》でコイ仔を食用ゴイに仕上げることであるこれもその年の条件により収穫量が異なってくる良く取れた時は20トンもの食用ゴイが収穫される年もあれば数トンの食用ゴイしか取れない年もあった。まだ当時は今のように確実に食用ゴイを収穫できる網生簀養魚法《あみいけすようぎょほう》も確立してなかった。ある年は溜池の中に網生簀を設置して半仔を入れて川舟で餌やりに行く方法を取ったこともあったがこの方法は大失敗に終わった。理由は溜め池の水は表層は酸素を十分に含んだ水であるが底の水はほぼ無酸素状態の水である。これが秋口の気温の変化によって混ざり合ったり逆転して生簀の中の水が無酸素になり魚が死んでしまうことがあった。ある朝溜池に出て行くと堤防の上から池の中ほどに造った生簀に綺麗な白い花が多数咲いているのを見た。なんのことはないコイが死んで裏返しになり胸鰭《むなびれ》が白く水面上に浮かんでいたのである。それを見たみんなは愕然としたがすぐにその死んだコイを取り上げて淡水に持ち帰り当時淡水に造ってあった大きな釜で炊いて親ゴイの餌にした覚えがある。また当時、国の研究者をやめて淡水に来ていた川上《かわかみ》さんという人がいたこの人がめったにはないのだがシラスウナギの餌のシジナ（イトミミズ）を取りに行くことがあって恒吉さんを乗せて出発した。川上さんの運転は非常に荒くて後輪が一回転してから発車する。

たまたまイトミミズを取るのに田圃のあぜ道を通ったらしいがミゼットが傾いて田圃の中に二人とも落ちてしまってみんなで車の引き上げに行ったこともあった。恒吉《つねよし》さんはウナギの飼育にはあまり関わらなかったがコイ仔の飼育はよくおこなっていた出来上がったコイ仔をたたき池で選別器を使って選別する仕事は得意であったステテコを捲り上げてコイ仔を選別していたがその足は太股から下は殆ど毛が生えていなくて白かった。淡水の慰安旅行で桜島の温泉等に行くと恒吉さんは人と一緒に温泉に入ることを極端に嫌がった。

それともう一つは大変な恐妻家で飲んで一人で家に帰ることができず必ず若手の川越《かわごえ》君に連れて帰ってもらわないと自分で家に帰ることはできない人であった。金はあり子供はいないとなればやはり男は二号さん（お妾さん）を囲うというのが世の常だろう。この人も大淀《おおよど》のある飲み屋に妾を囲っているという噂を良く聞いた。この人が恒吉さんの妾だとはっきりとは私には判らなかったが、多分毎日出入りしている飲み屋の女将さんがそうだろうと思われた。その女将さんには小さな女の子がいたが「恒吉さん」が飲みにくるとその女の子が「キャタロウ」が来たと言ったことからいつのまにか「キャタロウ」が恒吉さんの渾名になっていた。淡水で焼酎を飲んでは毎晩のように大淀のこの飲み屋に川越君を連れて飲みに行ってはこわごわと我が家に帰る恒吉さんの姿が浮かんでくる。恒吉さんの淡水での仕事は溜池でコイ仔を養うのが仕事であった。いつも溜池の土手の上の番小屋のなかで大きな木の箱に都城の須藤産業《すどうさんぎょう》から送られてきた乾燥サナギを入れてその中に混じっているビス（生糸がまだ着いているサナギ）を選りだしていた。でないとこのビスをコイにやるとコイの腸にビスがかかりコイが死んでしまうからである。恒吉さんの努力でいつも丸々と肥った食用コイを溜池から取り上げていたものである。キャタロウとあだ名をつけられた恒吉さんは淡水廃止後は青島に新しく出来た水産試験場で海の方の現場の仕事をするようになる。

31. ケツグロ

今日もケツグロが池の周りをぐるぐる廻っていたねと年輩の平島《ひらしま》さんがよく言っていた。ケツグロとはゴイサギのことでシラサギやアオサギと同じ仲間である。ゴイサギは尻が黒いのでケツグロという名前で呼ばれていた。これが何とも憎らしい顔をしていてスズメやメジロのように可愛い顔をしていればまだしも顔は憎たらしく鳴く声はギャーギャーと耳障りである。コイ仔を食用として1羽のケツグロが1日に5～6㎝のコイ仔を数十尾も食うのでコイ仔を作っているものにはたまったものでない。そこで考え出されたのが防鳥網で池の上1・5mの所に張ることにした。この網は風でかなり擦れてあちこちに破れができるとすかさずどこからかケツグロが飛んできてコイ仔の池の中に入ってくる。これくらいケツグロはコイ仔を食べる事に命をかけている。

当時の淡水は放流用コイ仔を作ると共に養殖用のコイ仔も生産していた。養殖用のコイ仔は5㎝のコイ仔が5円で10㎝のコイ仔が10円であった。秋口に灌漑《かんがい》用の溜池にこれを放して春先からサナギ等を食べさせ食用ゴイを生産していた。このコイ仔を扱っている生産業者の集まりとして淡水の中に「コイ仔生産組合」があった。その構成メンバーは地元の土地のブローカーの息子が会長でその他魚屋をしながらコイ仔を作っている淡水の平島さんの弟や後家の清水《しみず》の婆さんとか田野町で飲食店をしている船《ふな》ケ山《やま》さんとかいった人達であった。いずれもこしたたんと淡水の役所の余ったコイ仔を狙うケッグロばかりである。

特にその中でも「後家の清水の婆さん」はケッグロの呼び名が高く、コイ仔の時期になると朝早くから淡水に出てきて池の周りをぐるぐると廻り始めるのである。しかも猫なで声で丁寧な言葉を使うので男であればすぐころりといかれるほど淡水の男達は後家さんには弱かった。コイ仔の配布の時は少しでもこの婆さんに多めにコイ仔をやろうとするからはたから見ているとおかしくもあり滑稽でもあった。「コイ仔生産組合」は県内のコイ養殖業者やコイ仔の河川放流に役に立っていたが、コイ仔が不作の年はコイ仔の輸送準備をしたトラックを2〜3台仕立ててお隣の熊本県の矢の先試験場にコイ仔を買いに行くのが通例であったこの仕事は米山《よねやま》係長のお得意分野であった。米山係長は酒豪で一升酒飲みの人で役所で5合くらいの焼酎を飲んでも淡水の玄関先で案山子《かかし》のように一本立ちをしてふらつかないので大丈夫と言って自動二輪車で第2養魚場の管理舎に帰っていくのであった。また米山係長は県庁の労働組合の仕事を一生懸命していた。自分のことを指して、淡水の第2養魚場には共産党員が住んでいるとも言っていた。

水産行政の機構改革のあった昭和45年の淡水漁業指導所の廃止と共に解散した「コイ仔生産

組合長」の清水さんやその他の人達はその後もコイ仔を作って売っていた。コイ仔組合の会長であった清水《しみず》さんはその後、南宮崎駅近くにあったレマンホテルの社長や恒久地区の水利組合長を歴任している。平島《ひらしま》さんの弟は魚屋をしながら清水《しみず》の婆さんはそのままコイ仔の生産をしていたが次第にコイ仔生産をやめていった。

32．淡水の庶務係長

淡水漁業指導所《たんすいぎょぎょうしどうしょ》の庶務係長は少し変わった人物が送り込まれてくる。技術屋は所長のメガネにかなった人がおおいが庶務の人は県庁から送り込まれてくる。初代所長のお気に入りで採用された現業職《げんぎょうしょく》の職員はともかく事務屋も技術者もそうなのだが県庁の人事課のだす辞令によるれっきとした人事異動である。県庁のエリートコースにある事務屋からすればある程度年を取った高校での世間の裏も表も知り尽くしたほかの事務所では嫌われた人が淡水の庶務係長としてやってくる。

私が最初に出合った庶務係長は「図師《ずし》さん」と言う人であった。宮崎のジゴロで南宮崎駅近くの自宅から自転車で毎日淡水に通勤していた。容姿は中肉中背で色黒でやや病気がちな風貌の人でこれがまた酒と女が大好きという男であった。困ったことにこの頃現場の技術員であった若い川越《かわごえ》君が実にきれいな字を書くので技術畑から引き抜いて事務の方の手伝いをさせるようにした。本人は現場から事務職員に成ったと言うおごりがあったのか庶務係長の威を借る狐であった。これがそもそもの誤りでこんなへんてこな係長に見込まれたのが若い川越君の一生を台無しにしてしまうことになる。この係長は酒と女が大好きで毎晩バーやキャバレーに出かけていく。そのお供が川越君《かわごえ》で近くは大淀の飲み屋街から遠くは西橋通《にしたちばなどお》りを飲み歩くのだからいくら金があってもたまらない。だから係長の服装は普通であるがあまり服は持っていなかったと思われた。ほとんど同じ服の着たきり雀であまり洗濯もしない様子で何となく汚らしく見えた。この人の悪い癖は肺病を病んだせいかどうか解からないが辺りかまわず痰《たん》や唾《つば》を吐くのである。それを事務所の中であろうと所長室であろうと唾を吐くので実に汚くて困ったものであった。小使いさんの婆さんが毎日水を撒いてきれいに掃除をしてくれたので何とか役所らしさを保っていた。この庶務係長は最後はとうとう当時の所長と大喧嘩をして他の事務所に追い出されることとなった。

次にきた庶務係長は「島田《しまだ》さん」と言ってエリートの係長に見えたが地元の横町の大地主のお坊ちゃんで小柄の色白の実にスマートな人であった。服装は実に良い物をこぎれいに着こなしていた。これはいい人が来たと思っていたらやはり酒と女好きは前の係長と変わりがなかった。朝、役所に出てくると係長の廻りはお酒の臭いがプンプンする。しかも係長の机は我々下っ端の机よりやや大きめで両袖がついていたがその机の下には飲みかけの焼酎が栓をしていつも置いてあった。役所が始まって朝9時から10時くらいになると昨日のアルコールが切れ始めコップに机の下の一升瓶から焼酎をついでチビチビやり始める。事務の書類の横に焼酎の入ったコップが置いてある。役所が終わる5時頃になると本調子が出てくるといった具合で完全にでき上がった「アルコール中毒患者」であった。ある正月の休みに私も日向市の実家でテレビを見ていたらニュース番組の中で見覚えのある顔が出てきた。よく見ると「島田《しまだ》係長」である。交通事故を起こした様子でそのときは内容がいまいちはっきりしなかった。正月休みも終わり役所に出て行って話を聞いてみた。なんと正月におとそを飲んで奥さんを車の助手席に乗せ奥さんの里の清武《きよたけ》町に向かった。清武町につく手前のカーブで田圃に突っ込み奥さんに大怪我をさせたのでテレビに出たとのことであった。完全な酩酊運転で弁解の余地は少しもない。公務員が今この様な事故を起こしたら即首である。このときは所長が人事課とのあいだに割って入ったのであろうと思うがやや遠方の事務所に島流しと言うことで首にならずにすんでいる。この様に私が勤務した淡水の庶務係長はユニークな人物が多かった。しかしこれらの庶務係長のおかげで我々の給料や出張旅費がきちんと払われていたのである。ちなみにその頃の私の初任給は1万8000円くらいであったと思われる。

33. パチンコ中毒

役所は特別に忙しい仕事がない限り朝8時30分から始まって、夕方5時に終わるが、夕方の5時が近くなると事務所の玄関の前に揃って2台の50ccバイクが宮崎の方を向いていつも綺麗に並んでいた。

2台のバイクとも実に綺麗に磨かれており、またあまり長距離や泥道を乗らないためかいつもピカピカの状態であった。この当時はバイクの免許は住所と氏名と印鑑を持ってバイクの免許を申請すれば年寄りだろうと馬鹿だろうと免許が取れたという良き時代であった。

また普通自動車の免許を取れば単車の125ccまでは取れた。それはさておき役所の前の2台のバイクなのだが、一台は〝現役の技術員の平島さん〟のもので、もう一台は〝用務員の年《とし》見《み》さん〟のものであった。どちらもパチンコ依存症で毎日毎日、恒久の「淡水」から橘橋《たちばなばし》を渡って西橋通りのパチンコ店「甲子園《こうしえん》」まで通うのが日課になっていた。

パチンコは実によく人の心理を掴んでいて勝てば勝ったで嬉しいし、負ければ今度は勝ってやろうとまた出掛けるのであるが、毎日毎日、おなじ店に通わないとどの台がいま出ていて、この台はどれくらいまでは出るが、後はさっぱり出ないとか、あの台は昨日もその前の日〝打ち上げ台〟になっていたとかいうのが判らないので、役所が5時で終わるとすぐバイクに乗って出掛けるのである。

平島《ひらしま》さんは役所から2キロぐらい離れた第2養魚所の近くに、また年見さんは役所のすぐ隣がわが家であるから、またシラスウナギ漁が始まれば毎晩のように大淀川《おおよどがわ》に出掛ける人達なので毎晩、西橋通りに出て行くことなんかなんとも思っていないのである。

平島さんは福岡県の出身で、お父さんに連れられて若い頃宮崎の赤江《あかえ》に移り住んで赤江で小麦をひき昔懐かしい〝ゲタ菓子〟を作って売っていたが、「淡水」が出来る前から試験場に入り「淡水」が出来ると同時に、第一養魚場の管理舎に入り、コイ仔池の水の管理飼育を行ってきた〝コイ仔作りの名人で「淡水」のことなら表から裏のことまで総てを知り尽くした人であった。

顔立ちは美男子で若い頃はさぞもてたであろうと思われ、その上現場育ちなので手足ががっちりしていて見るからに水産人と言った感じで色は白く毛深くしかも字を書かせると実に綺麗な字を書きしかも性格が几帳面で毎日役所であった出来事を県民手帳に書き留めていた。強いて欠点を上げると「俺はいつも役所で使われる身であるから、自分で決断して仕事を進めることは苦手で上の人の欠点を一人でぶつぶつ言っている」ことと、酒が強くてとことん飲んでへべれけになると「ひばりの佐渡情話」を歌い出すのだそうだが、私は一度も聞いたことがなかった。

一方、年見さんはお父さんが銀行員で県内のあちこちを転勤で転々として、高校は私と同じ延岡の恒富高校をでていることからして、学があり風貌は痩せて背が低く小さい革のカバンを抱えると「高利貸しの親父」のように見えるところがあった。現場の人なのだがあまり力はなく、むしろ商売が上手で自分の家の田を池にして金魚を作ったり、またある時は〝内水面漁連〟に池を貸して貸池料を取るなどいろいろなことをしていた。役所と地続きなのでなにやかやと便利なことが多く、イカシ網が足りなければちょっと借りたり、コイ仔を曳く網がないときはちょっと役所のを借り、コイ仔選別器はもとよりタモや時には餌までも借りるといった商売人も顔負けの根性を持っていた。

しかし所詮は役人である。あるとき西橘通りの〝甲子園〟というパチンコ店でしこタマパチンコを粗て、さあ帰りましょうとバイクを止めた表通りに出てバイクに乗ろうとしたら、そこにあったはずのバイクがない。そこで片っ端から自転車、バイクを一つずつ調べてみたがどこにも年見さんのバイクはなかった。パチンコに熱中する余りバイクを盗まれてしまったのである。

警察に届けたのちバスで仕方なく自分の家まで帰り着いたのだが、どうにもこうにも腹の虫が治まらなかった。この頃のバイクはカギを掛けても配線してある電源を直結すればエンジンがかかりまんまと乗り逃げが出来ると聞いたが、本当にこんなことが自分の近くで起きるとは思ってもなかった。

そこで年見さんは、私と同じ巳年生まれで執念深い人で、祈祷師《きとうし》に見てもらったら、どうも近いうちになくしたバイクが出てくると言われ、毎日毎日バイクがなくなったパチンコ屋やその周りのパチンコ屋を探し回ったが、どこに消えたのかなくなったバイクは出てこなかった。

その後もまた新しいバイクを買ってパチンコ屋通いは続いたが、ずっと後になって、年見さんはパチンコをしながら脳溢血で倒れるということがあり、パチンコ屋から救急車で病院まで運ばれたことがあった。

後になって年見さんが亡くなったときは、お棺の中にパチンコの台とお金が入れられたと聞いたことがある。

34. マージャン依存症

小さな役所であるから焼酎を飲むほかに楽しみのないところであったが若手の藤原《ふじわら》さん、佐《さ》藤《とう》さん、川越《かわごえ》さん、中川が集まるとマージャンをやろうということになった。場所は第一養魚場の池番をしている藤原さんの所がいつもジャン荘になっていた。

東側の4畳半のはなれが丁度いいマージャンの部屋で良くここでマージャンをした。いずれにしても身内のマージャンであるから千点が10円くらいのもので箱点になっても2万8千点の3万点返しであるので300円くらいで実に健全な家庭マージャンである。

いつも藤原さんの奥さんがお菓子や果物の差し入れをしてくれるのが楽しみでかなり遅くまでマージャンに興じていた。この話を聞きつけた当時の所長が私もマージャンは大好きなので仲間に入れて欲しいと言って時々我々とマージャンをするようになった。

マージャンにはそれぞれの個性が出る。この所長は単純なパイを並べるのが大好きで特にチートイツがすきであった。ニコニコと並べてしかもスジがない。チートイツもある程度上手な人になると端パイや字パイで待つのが普通であるからある程度テンパイしたなと思うようになれば用心するようになる。この所長の待ちパイは普通のパイで待つから手のつけようがない。またこの所長のニコニコがつきだすととことんつきだすから始末が悪い。ある日のことマージャンでこの所長がツキ始めておもしろい様に1人で所長が勝ち始めた。マージャンが終わって所長が実は親類の人から別荘を貸して貰っているので今度の日曜日にその別荘でマージャンをしようと言い始めた。それでは今度の日曜日に温泉センターがある近くに親類の別荘を借りているから朝から温泉に入りながらマージャンをしようということで帰っていった。

さてその日曜日がやってきてそれぞれおめかしをして所長が指示した別荘に集まった。朝の9時くらいであったろうか招待した方の所長も気を配って色々なご馳走を部下のために用意していた。お寿司や、果物、お菓子と日頃あまり食べたことのないご馳走が次から次へと出てきた。しかし所長の本音はマージャンでこの前のように一人勝ちをやろうと考えていたのであろう。みんなが集まるや否やマージャン台がだされてマージャンが始まった。マージャンが始まるとみんな温泉に入ることなどすっかり忘れてしまった。

今のように上司にゴマをするような者は誰一人いないくらいマージャンの勝負にかけていた。マージャンの結果は招待された者の方がすべて勝って所長一人が負けると言う状態になった。負けず嫌いな所長はもう一度、もう一回と言うのでとうとう夕方まで付きあったが。結果は同じであった。何かご馳走になった上マージャンでは勝ってみんな決まり悪そうに帰って行った。その後所長は定年になるし、まさかこのマージャンが動機になったのではないと思うが、退職後は水産の人間とは付き合わないと言って別の部署の出先の公社に入って仕事をした。その後にやってきた「淡水」最後から2番目の所長はゴルフができない者は試験場の人間ではないというくらいゴルフにかけていたが、賭け事が嫌いな人であったのでマージャン仲間もあまり集まらなくなってしまった。「淡水」最後の所長は小林総合養魚場の初代場長の「鮫島《さめじま》さん」で鹿児島の枕崎水産高校出身の人であった。

生粋の薩摩隼人で仕事をするにも論理的で部下の性格も十分に把握していた。マージャンなどという賭け事は一切しなかった。この鮫島所長が新しい水産試験場の増養殖部長となって淡水のみんなを試験場に連れて行ったが、佐藤さんと中川には行政職の県庁の水産課行きの引導を渡すことになり、それから私の苦悩の日々が始まるのである。

35. アユの陸封と逃げた人妻

昭和42年頃であったと思われる、児湯郡西米良村の一ツ瀬ダムにアユが陸封《りくふう》したと言うニュースが我々研究者の間に広がった。アユというのは秋口に川を下り川口近くの小石の瀬に産卵する。産み落とされた卵は小石にぴったりとくっつき実に綺麗である。

水温によりやや変わるが約7日で発眼卵になり14日前後でふ化する。ふ化した稚魚は夕方の4時頃から真夜中の12時頃まで川を下る。これを専門家の間では降下稚アユと呼んでプランクトンネットでこれを採補して次の年のアユ漁の豊漁・不漁の目安とすることが多い。かくしてふ化して一夜で海に降った稚アユは海水中の動物プランクトンを食べて大きくなる。そして春先の3～4月にかけてシラスアユから色素が出始める頃に川を遡ってくる。その頃から動物プランクトンから徐々に植物質を摂取するようになる。

その頃になるとアユの歯の形が変わってきて川の中の石にできた珪藻《けいそう》や藍藻《らんそう》を摂餌するようになりアユが石をなめた跡がはっきりと見られるようになる。このアユのなめた跡のことを我々は「ハミアト」と言っている。

河川でアユ漁が始まる頃には河川の上流で水の流れがあり綺麗な石にコケの着いたいわゆる

瀬や淵にそれぞれテリトリー（なわばり）を作って生活するようになる。その年、その年で異なるもののアユの数がおおくて餌の少ない年はテリトリーは作らず小さいアユが群れをなして泳ぐこともある。これらのアユが秋口に川口近くの瀬まで流下して産卵するのがアユの一生である。このアユのことを「海産アユ」と呼んでいる。また海の代わりに大きな湖やダム等を利用して自然に再生産するアユのことを「湖産アユ」と言っている。琵琶湖のアユが湖産アユの最も代表的なもので人為的に今までアユがいなかった湖やダムにアユを再生産させたものが「アユの陸封化」であり全国的に見ても大変おもしろいものであった。

何故一ツ瀬ダムにアユが陸封化したのかを調べるのが私共が一ツ瀬ダムに出張する目的であった。それらの仕事をまじめに夜遅くまでやったので一ツ瀬ダムをたって宮崎に帰ってきたのがかなりの時間で深田《ふかだ》氏宅の近くに着いたのが午後8時を廻っていた。

お疲れさんでしたと深田さんを車から降ろして役所の方へ車を走らせた。私はその当時は役所の中の管理舎に池の水やコイ仔の管理を兼ねて住んでいた。翌朝役所に出て行ったら深田さんが休んでいた。平島《ひらしま》さん（深田さんの仲人）や島田《しまだ》さん（庶務係長）宇宿《うしゅく》さん（深田さんの上司、調査係長）達がひそひそ話をしていて若い私には何のことやらさっぱり判らなかった。あとでそのひそひそ話しの全貌が私にも判ってきた。

実は深田さんは普通の公務員とはかなり性格がかけ離れていて話をすれば大風呂敷を広げる

し、嘘はつくし、酒が強くて酔うと辺り構わず誰にでも喧嘩を売る癖がある。その上病的というくらい女が好きであった。また不思議なことに女を引きつける魅力を持っていた。深田さんは種子島《たねがしま》の出身で深田《ふかだ》さんの奥さんはこの宮崎の赤江地区の財閥の娘で田畑を持っていたから深田さんは役所で日高家に婿入りした養子と呼ばれていた。また役所の仕事の間には奥さんの兄弟の所の田植えやイネの刈り取り等も手伝って非常に性格も気ぜわしくまたよく働く男であった。このように役所で養子と呼ばれることや現場のおじちゃん達に「深田」「深田」と呼び捨てにされることや何やかやとむしゃくしゃすると晩酌をして奥さんにあたりちらしたらしい。それも暴力を振るうと言うから手の付けようがなかった。そこで我慢できなくなった奥さんが遠い親戚の若い男と手に手を取って我々が米良の一ッ瀬ダムにアユの調査で出張をしている間にどこかに逃げてしまったということである。

何処でどういう風に聞きつけてきたか判らないが若い男と奥さんはどうも名古屋のとあるお菓子工場で働いているという確かな情報を聞きつけた。深田さんは奥さんを連れ戻すために日高家の親類のしっかりした人と名古屋に飛んだ。誰か付いていかないと深田さんが奥さんにどんな暴力を揮うか判らない。向うで一切奥さんに手を出さないことを条件で連れ戻しにいった。それで首尾良く奥さんを宮崎まで連れ戻すことができたのだがその後がさあ大変であった。毎晩・毎晩親族会議が開かれ深田さん夫婦の仲人をした平島《ひらしま》さんは毎晩その会議に呼び出された。

初老で頭の薄く禿げ上がった人の良い平島さんは毎朝眠たそうな顔をして役所に出てきた。

2~3日してやっと親族会議の結論が出たようで深田さんが今後酒を飲んで奥さんに暴力を揮わないと言うことで元の鞘に納まることとなった。数日後何食わぬ顔で深田さんが役所に出勤した。元来楽天的な男なので何一つ改めたことはなくまた大ほらを吹き始めた。役所の中で所長よりも誰よりもジェット旅客機727に乗ったのは俺が一番最初だったと。確かに宮崎空港にジェット機が飛び始めだし金持ちか東京や大阪・名古屋へと飛行機旅行をし始めた頃の話しである。深田夫婦はその後奥さんが親類の宮崎では有名な田村産業に勤めだし子供も大きくなって長男は防衛大学校に進学するようになる。

36. ツツガ虫

つつがなくお過ごしのことと思っておりますと手紙によく書かれている。このつつがなくの「ツツガ」はツツガ虫のことでダニが媒介となって人に病気を起こす虫のことである。ツツガ虫が最も多いことで有名なのがこの小林《こばやし》周辺の西諸県《にしもろかた》地方である。そこで宮崎方面から小林に来る人は殆どが最近は保健所や新聞から情報が入っていいてできるだけ山や野原に分け入らないように考えている。しかし慣れてくると、なーんだそれ程のこともないと思って山や野原を歩き出すとよくやられるものである。

小林分場の上《うえ》ノ薗《その》さんはジゴロである。梅雨明けの集中豪雨で裏山が崩れてその押し出された土砂で家を壊され危うく出の山の溜池の中に土砂ごと押し流される所であった。どうにかそこまでは行かず九死に一生を得た。その後、壊された家を取り壊し押し出してきた土砂を取り除いてもと家があった場所に新しい家を築こうとした。家の柱となる杉の木を見に茅を押しのけて杉山の中に分け入った。近くの杉山に入ることはこの人には日常茶飯事である。もともと地元の人であるから少しも恐がっていなかった。ところがその翌日から風邪気味となり鼻水はでるは熱がでてきた。常日頃から少々の風邪で仕事を休むような男ではなかったのにさすが熱が40℃近くまでなるとたまらず役所を休んで行き付けの医者の所に診察に出掛けて行った。すると先生は手慣れたもので服を総て脱がせて丁寧に上から下まで診察した。ところが何処にも異常が見つからなかった。しかしさすが専門家だけあって今度は頭の毛の中を調べてみたらそこに「ツツガ虫」にやられたダニが血を吸った小さな赤い斑点を見つけた。彼の説明によれば杉山に入った際にかぶっていた帽子が頭から落ちて茅の中から帽子を拾い上げ被ったらしい。その帽子の中にダニがいたのであろうと言うことであった。

医者から抗生物質の薬を貰って飲んだら翌日はケロリと熱も下がりいつもと変わらぬ顔で出勤してきた。ツツガ虫病は早めに気付けばこの程度で終わる。しかし少し遅れると色々と体に障害が出たり最悪の場合は死亡することもある。地元の保険所が「ツツガ虫病」の発生率を各市町村別にわけて発表しているのを見ても小林《こばやし》・高原《たかはら》・野尻《のじり》はかなり高い値を示している。またこの虫は古くは狩猟を行う時期に山に入る場合はダニがつくから気をつけよといわれた。よく粉の殺虫剤を衣服に振り掛けて入山したものだ。しかしこの時期を過ぎると自然にツツガ虫は聞かれなくなっていた。ところがどうも最近は周年発生が聞かれるようで最も多いのは狩猟が始まる11月から翌年の2月の間である。

淡水の人気者である深田《ふかだ》さんが昭和59年に小林分場に赴任してきた。もちろん奥さんは宮崎の方で仕事があるため単身赴任と言うことであった。元の事務所があった建物の中に昔小林総合養魚場の小使いさんが住んでいた小さな部屋と風呂、炊事場がついている所で自炊を始めた。最初は週に一回は宮崎の家の方に帰っていた。しかし2～3ヶ月もするとばったりと帰らなくなった。原因は帰るとなると毎晩楽しみにしている晩酌ができなくなるためである。車の運技術はうまいのだが年を取ったために疲れることであったらしい。

宮崎に帰らなくなると好きな酒が十分に飲めるため晩酌の量が増えて朝からプンプンと酒の臭いがするようになった。深田さんは昭和60年に念願かなって現場の研究員から小林分場の主任に昇格した。もうそのときはかなりのアルコール中毒になっていたものと思われる。と言うのは彼の酒の飲み方は空飲みと言って焼酎を飲むときは殆ど物を食べないため相当体にこたえたものと見えて主任になって2カ月目には県病院に入院してしまった。

本来彼は野山を駆け回りカンランやエビネにその他の山野草《さんやそう》を始め自然石や流木に盆栽になる木を集めることに対しては天性の物を持っていた。しかし集めるだけであとは人にやったり放置したので管理の面は全くと言っていいくらい頓着がなかった。しかし県内のどこに行けばどんな花があるとかどこに行けばどんな名石があるとかは驚くほどの情報を持っていた。その為に入院した当初はツツガ虫にやられたのではないかと心配していたが一向に病気が良くならなかった。彼の病名は「成人T細胞白血病」（腫瘍ウィルスＨＴＬＶ－１の感染による白血病・悪性リンパ腫）ということで南九州特有の1万人に1人ぐらいの割合で成人となって出てくる血液の病気であったからである。治療のため抗ガン剤等の使用で途中で総て頭の毛が抜け落ちてしまった。また本人の免疫性が非常に弱いため面会に行った人はビニールの幕越しにしか話せなかったと言う。本人に本当のことが話せないために家族の人が気を使って「ツツガ虫病」ではないだろうかと病人に希望を持たせたのかもしれない。彼は52歳の若さでこの世を去ったが彼が残した最後の言葉は「死にたくない」であったとあとで聞いた。

37．ニジマス協会

小林総合養魚場《こばやしそうごうようぎょじょう》の事務所を中心として考えると少し下がった所にふ化室から調餌室、倉庫と繋がるその先にコイやニジマスの業者を寄せ集めた養殖業者が作った霧島山麓養殖漁業協同《きりしまさんろくようしょくぎょぎょうきょうどう》組合《くみあい》があった。その中のニジマスだけを養っている15名の業者が集まって昭和43年からニジマス協会という任意組合を作り上げた。

ニジマス協会の仕事は県からニジマスの稚魚を買ってそれを業者に売り、大きくなったニジマスを回収して九州のあちこちに売り込んだりニジマスの選別、池替え、飼会社からまとめて飼を安く買ってそれにマージンを付けて業者に売り渡すのが仕事であった。その他ニジマス稚魚生産業者より稚魚を買い自分の所で大きくして売ったり周りの出の山の料理店に塩焼き用のニジマスを卸す。また渓流釣り場に大型のニジマスを卸したり、大型販売店のダイエー等と契約して毎日少ないときで10kg、多いときは１００kgものニジマスを納めていた。

ニジマス協会の構成人員はニジマス協会会長と理事さんが3名、監事が2名で女の事務員と地元の若い者が2人であった。事務員と若い２人は毎日仕事に出てくるが、会長と専務理事は非常勤の勤務であった。元々は小林総合養魚場が霧島山麓のニジマス養殖業者の指導をするた

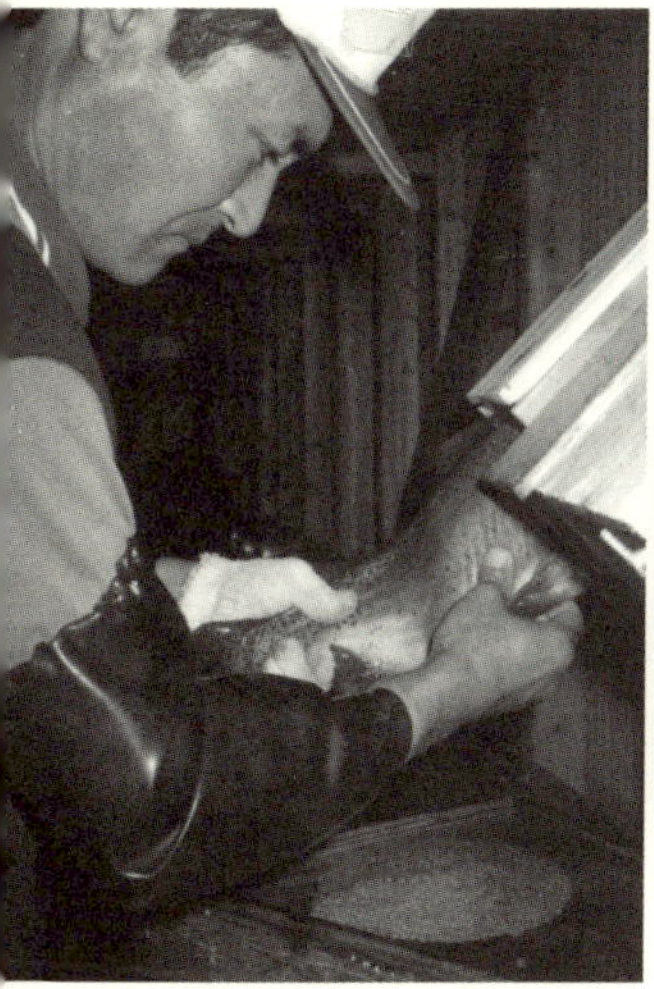

▲小林分場やニジマス協会の人たち

◀ニジマス協会の内村さん（米良養魚場にて）

めに作られた協会みたいなものである。発足当初は小林総合養魚場の中でニジマス協会の事務が行われていたがその当時の養魚場の女の職員がこれを嫌っていた。もともと一方は公務員一方は民間人の協会職員なので上手く行くはずがなかった。常に2人が目を会わすと火花を散らしていた。これを見た当時の専務理事の鶴田《つるた》さんがそれではと言って、前述の倉庫の先の倉庫と倉庫の間の開いている所をベニヤ板やタルキで埋め、強引にニジマス協会の事務所を作ってしまった。

霧島山麓から噴出す湧水を使って小林《こばやし》・高原《たかはら》・野尻《のじり》・須木《すき》の爺ちゃん婆ちゃんが庭先でニジマスを養っている任意の組合がこのニジマス協会である。年間に取り扱うニジマスの量は２００トン足らずでニジマス稚魚が80万尾程度というから実に小さな協会である。

上：生駒高原のコスモス　下：ニジマス協会の焼アユ

前述したようにこの小さな協会は事務所を分場の餌場と倉庫の一角を借りてお粗末な事務所を設けていた。事務をとる女の人と魚や餌の運搬をする地元の若い人が常時２人それに非常勤の理事さん１名と時々事務所に顔をだす会長とで運営されていた。霧島山《きりしまさん》麓養殖漁業組合《ろくようしょくぎょぎょうくみあい》の親組合から分離した小さな協会である。

会長は西小林の自宅の裏庭から湧き出る水で百坪くらいの池を5つ造りニジマスやヤマメを飼っていた。本職は出の山の上を走る宮崎高速自動車道路のインターチェンジのキップ切りである。この人は飲み方をすれば必ず宝星の焼酎でないと気が進まない人で飲み方にこの人を呼んだときは必ず西諸県《にしもろかた》地区の焼酎「明月《めいげつ》」や「霧島《きりしま》」に混じって「宝星《たからぼし》」（ヤッコロボシと言う呼び方もある）を1本取り揃えなければならなかった。また小林の飲み屋街の中町に繰り出すとなると小林で最も高級なスナック（千鶴《ちづ》）に行く癖があり、てっきり会長のおごりと思ってついていくと翌朝割り勘で高額な金をはらわさられるというのがお決まりであった。

　この組合は昭和43年に当時の「淡水」から派遣された森《もり》分場長によって霧島山麓の小規模のニジマス業者20数名を集めて飼の共同購入・生産物の共同出荷を目的として作られた任意団体であった。事務員は近所の城山《じょうやま》さんというしっかりした主婦と理事の鶴田《つるた》さんにより運営されていたが、年1回の総会や理事会及び監査等も厳しく行われていた。特に年寄りの多いこの地域の養鱒業者は種苗は協会に言えば持って来てくれるし飼は持って来てくれるし、出荷する時期になれば協会から若い人が来てニジマスを選別して計量に立ち会うだけで、後は協会の方へ持って行って売りさばいてくれるので大変役に立っていた。しかし経営は厳しくまた南九州特有のニジマスの魚病である連鎖球菌症《れんさきゅうきんしょう》（β溶血性レンサ球菌感染による魚病）が広がってからは少しずつへい死するニジマスが増えて、なかなかいままでのようにニジマスの歩留まりが安定せず一人二人と協会を脱会する業者もでてきた。しかししっかりした理事と事務員のため、鹿児島から長崎・福岡まで九州一円にお得意さんを作り九州のニジマスを殆ど動かすほどになっていた。またダイエー等の大きなスーパーとのニジマス出荷の契約を取る等、安定して一日に数十kgと言うニジマスが出荷され順調に成績を伸ばしていた。一方小林分場からニジマスの発眼卵を買ってふ化させニジマスの稚魚を自分達で作っていた。その種苗を各業者に売ることや小林総合養魚場が小林分場になった後は小林分場が作ったアユの発眼卵生産技術を受けて全国のアユ種苗生産センターやアユ養殖業者にアユの発眼卵を供給するようになった。しかし平成になると色々と周りの状況が変ってきただけでなく経営陣も人が変りそのうえ最も不幸なことにこの協会を指導する立場にある小林分場に内水面のことに精通する人がいなくなってしまった。いないと言うわけではないが居るには居たのだがその人の名は太田さんといって、彼は延岡の熊野江《くまのえ》の「栽培漁業センター」の主任を5年間勤務しあまりにも激務のため最後の年に脳梗塞（脳血管に血液がつまり脳が作用しなくなる症状）にかかり持って行くところ（転勤先）が無かったので、むかし彼がいた小林分場の主任に更迭されて帰されたものの実質は廃人同様で、一日中ぼんやりと時を過ごす状況で宮崎から小林までの通勤にも困るようなありさまであった。平成2年に彼が退職した後にワンポイント・リリーフとして宮崎から年見《としみ》さんという主任が送り込まれてきたが、この人は淡水時代の用務員の「年見」さんの息子でたまたま家が淡水漁業指導所の隣であったため淡水魚のことをなまかじりに覚えた人、で生粋の淡水畑育ちという訳ではなかった。その上悪いときには悪いことが重なるもので今まで協会をひっぱってきた理事の「鶴田《つるた》さん」がその年の総会の席で300万円の赤字を出してしまった責任を取って理事を辞めたいと言い出した。これには裏があって丁度その頃「鶴田さんの奥さん」が病気で年も取ったしとても協会の面倒を見ていくような状況ではなかったらしい。そこで開かれた理事会の席で「それではニジマス協会はこれで解散しよう」という話が出たらしいが、堀会長の「鶴田《つるた》さんが引張っていけないなら私が代わって引っ張ります」と言う一言で解散ではなく今までどおりニジマス協会を続けることとなった。この頃になると協会員は名前だけは10名くらい上げてあるものの、実質は高原町の2業者で協会を支えているという有名無実の状態での経営であったため雪だるまが坂道を転がるごとく借金が増えていった。私が小林分場に帰ってきたときには1600万円から1800万円にも借金が膨れ上がっていた。

それからニジマス協会の解体が始まるのである。

38. 綾試験地の誕生

昭和40年12月の暮れも押し迫ってのことであった。今度の水産関係の機構改革に伴い今まであった3つの指導所、土々呂にあった「沿岸漁業指導所《えんがんぎょぎょうしどうしょ》」、日南にあった「遠洋漁業指導所《えんようぎょぎょうしどうしょ》」、赤江の「淡水漁業指導所《たんすいぎょぎょうしどうしょ》」を統合して青島の折生迫《おりゅうざこ》に水産試験場を造り、その中に今までの淡水漁業指導所を「淡水科《たんすいか》」として残すという話が役所の中で行われていた。

また土々呂《ととろ》の沿岸漁業指導所は水産試験場延岡分場として、日南《にちなん》の遠洋漁業指導所は、水産試験場日南分場として残すのに、「淡水」だけは水産試験場の中に吸収されてしまうという。しかし青島の先の「折生迫《おりゅうざこ》」では十分な淡水が得られない。そこで水産試験場の近くに淡水魚の飼育実験のできる試験地を造る必要がある。そこで水産課と「淡水」のお偉方は、毎日毎日会議を開いて考えていた。しかし水産試験場ができることは前から判っていたことで、2～3の候補地が挙げられていた。またそこの水質や水利の具合や導水路、排水路また池の配置等を考えるために、我々下っ端は折りがある毎に、候補地に調査に出ることが多かった。

まず第一の候補地は木花《きばな》のいま運動公園になっている所であった。ここは畑の中に打ち抜き井戸を掘ってポンプを据え付けて水を汲みその水質を調べたり、畑の周辺の民間の井戸水を汲

上左：綾試験地の円形水槽　右：綾試験地風景、下：綾北川と綾試験地

んでもらい、その水質を調べたり、色々な集水方法を考えてみたが、あの広々とした所での集水は井戸に頼るしかなかった。ここの調査結果は、井戸水では莫大な電気量がかかること、水質の中に塩素イオンがかなり含まれることで十分な候補地ではないと報告書に書いた覚えがある。後で考えたのだが、海産稚アユを養うには最適であったのではとか、ペヘレイ等の養殖には適していたのではないかと思われた。

もう一つは木花を山の手の方に入った清武《きよたけ》川《がわ》のそばが候補地として上がっていた。ここは集水するのには清武川からサイホン式で水を取る必要があり、集水にかなりの費用がかかることで頭が痛かった。その中で最も有力な候補地が清武町の「船引き」の土地であった。ここは広さといい、清武川からの集水方法といい、申し分のない土地であった。ただ一つ難点を言うと集水側と排水側がほぼ同じレベルなので、集水側をポンプアップでやや高くしてやる必要があった。そしてある晩のこと、水産課のお偉方「淡水」のお偉方が会議を開き、今度造る試験地は「清武の船引きの地」に決定して用地の買収を開始することにした。この会議は「秘密会議」であったにもかかわらず、そのニュースはその日のうちに清武の船引きの地主の耳に入った。そこでいままで反あたり15万円と言っていた田圃が、一夜にして反あたり50万円まではね上がり、しかも中には50万円でも売らないと言う人まで現れたので、さあ一大事となった。県は予算を組んで仕事をしていく所なので、急に土地が値上がりしたからといってすぐに取得のための予算が付くわけではない。困ったのは水産課や淡水のお偉方である。そこで彼らはこの試験地の土地の問題についてはこれ以後、一切「秘密会議」に切り換えて進めていくこととした。

秘密会議と言っても何のことはない。当時の内水面連合会の竹野会長が綾町の出身で、この人が綾町《あやまち》の郷田《ごうだ》町長と話し合い一晩のうちに宮崎平野が九州山脈と出会うところの小田爪《おだづめ》地区に決まってしまった。しかもその土地は綾北川《あやきたがわ》の河川敷で50年に一度は大水が出ると洗い流される恐れがあると言われた所である。川の中に造った畑が反当り7万円で売れたのだから地主達は大喜びで用地買収も地元の人を中に入れてスイスイと進んでいった。当時の「淡水」の渡《わた》辺《なべ》係長は写真が大好きで、仕事と言えばカメラを片手に写真を撮って廻るほどであった。この人が撮った写真が綾の試験地を造るのにおおいに役に立ったのである。と言うのは綾町の小田爪は宮崎から車で走っても40分もかかる山の中で土地の形状とかどうゆう風に池を配置すれば良いかと言ってもそう簡単には現地を訪れる訳にはいかない。この土地が決定される前に渡辺係長がこの土地を写して来た写真が基本となって新しい綾試験地の見取り図が藤原技師によってでき上がっていくこととなる。

しかも昭和45年の県の人事異動で私がこの厄介な国庫補助事業の「内水面主産地形成事業《ないすいめんしゅさんちけいせいじぎょう》」を受け持つことになろうとはそのときは少しも考えていなかった。かくして新しい綾試験地《あやしけんち》が決定され綾町の小田爪の4ヘクタールの土地に池が造られて行くこととなる。池は綾北川の左岸の河川敷に、事務所と管理舎は池より10メートルくらい高い原野をブルドーザで押して平地にした高台に並んで建てられた。管理舎には淡水の大ベテランでウナギ飼育の上手い年見《としみ》さんが入った。現業職の平島《ひらしま》さんは宮崎から通勤、事務の方は小林総合養魚場にいた太田《おおた》技師が受け持つこととなる。

かくして昭和23年に造られた淡水漁業指導所は、中枢部分は青島の水産試験場の中にフィールドは綾試験地で行うこととなり、水産試験場綾試験地が発足するのである。

39. チョウザメ

最近宮崎産キャビアが話題に上がっているが我々がチョウザメを養っていた頃には夢のまた夢であった。これは淡水漁業指導所が廃止になったずーと後の話で、宮崎県水産試験場小林分場で1983年に三重《みえ》県《けん》内水面《ないすいめん》試験場《しけんじょう》からチョウザメ（ベステル）を運んできたのは「淡水漁業指導所」の暴れん坊の深田《ふかだ》さんであった。今も小林にある「憩いの家」の車でニジマス協会の若い職員の内村《うちむら》君と日向市から出ていたカーフェリーで三重県水産試験場からベステルの稚魚を200尾運んできた。ベステルはオオチョウザメのベルーガとコチョウザメのステアリャージのハイブリッド（かけあわせ）で親の名前の前の名を取ってベステルとなづけられていた。

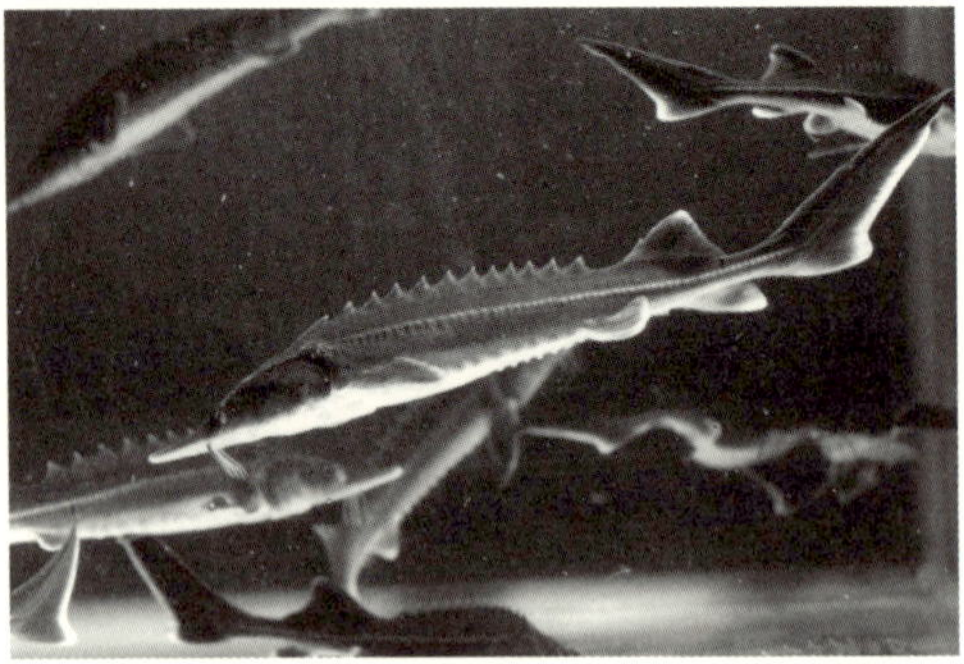

水槽で泳ぐチョウザメ

これは旧ソ連のニカリューキン教授が肉を食べるために開発した魚だった。最初はどうしても世界三大珍味のキャビアを作るという目的で飼いはじめたものの何とキャビアが取れるようになるには早くて8年以上はかかることとキャビアを作ろうとすればメスの魚でなくてはならないしキャビアを作るときは親は総て切開して卵を取り出す必要があるので親は全て殺すこととなる。

現に旧ソ連ではベルーガのキャビアを取って後の肉は捨ててしまったと言われている。私もベステルを飼育するまで世界三大珍味であるキャビアを食べたことがなかった。それでは話に

上：出《いで》の山《やま》ひなもり岳
中：チョウザメを抱く職員（中央は著者）
下：チョウザメと鳥越さん

ならないので100gが3000円くらいの安いキャビアを食べてみたが味は磯物のウニほどではないが、まああの味であった。

ソ連の人達はこれをパンに塗って食べると聞いていた。日本人なら白いご飯にウニをのせて食べるか、カズノコでご飯を食べる方がはるかに三大珍味である。ダチョウの肝臓のホアグラやブタの大好物であるキノコのトリフというものはまだ食べたことがないのでそれらと比較はできないがキャビアも何のことはない日本人のワサモノ好きによる物ではないかと思われた。

ベステルから採れたキャビア

チョウザメといっても種類は違うが、古くは日本にもいた魚で日本の近海でも採補されているところから日本の川にもチョウザメが産卵のために上っていたものと思うと楽しくなる。もともといまソ連でチョウザメがいるのはボルガ川でこの川はソ連領を流れてカスピ海にそそぐ川で産卵は淡水の河川の上流域で産卵する。ふ化した稚魚は2〜3kgの大きさになるまで淡水で育ちその後河川を流下してカスピ海へと降っていく。

カスピ海で成魚となった魚は、また河川を遡上していき河川の上流域で産卵するという習性がある。しかしコチョウザメはその一生を淡水でくらすと言われている。ついでに書いておくがカスピ海は太平洋や大西洋の様に塩分濃度が高くないというからチョウザメは海の魚というよりは淡水に馴染む魚ではないかと思われる。

しかしチョウザメはその姿から頭はヌエ（人が考えた奇妙な空想動物）に似て体はヘビに似た魚であると言われていた。うちの池に持って来てからもなかなかすんなりと馴染めない魚であった。チョウザメの由来は「チョウザメの側線」に順序良く並んでいるチョウバンをはずして良く見ると、その1つ1つがチョウチョに似ていることからチョウザメと言われている。卵は1つが0・03g程度で10年くらい飼育したチョウザメから取った全卵は2kg程度で1腹に7万粒くらいが詰まっていることになる。

しかし1腹からこんなに多くの卵が取れるならすぐに多くの稚魚が生産できるように考えがちだが、自然はなかなかそう上手くは行かないように作ってある。まず自然産卵はほとんどなく再生産は不可能でオスとメスの成魚を1つの池に入れてビデオでその産卵行動を追ってみるとメスは直線的に少しずつ産卵するがオスは卵とかなり離れた所で精子を出すので2つが受精する確率はほとんどゼロに近いと言われている。またチョウザメの卵には卵門が7～8つもあって普通の魚だと卵門は1つなのでその1つの所に最初にたどり着いた精子が1個だけ受精するから大丈夫なのだが、チョウザメは1度に2つも3つもの精子が1つの卵子と受精することになり、受精卵は奇形魚ができてふ化した稚魚は総て死んでしまうこととなる。採卵でもなかなか上手く行かず担当の技師が頭を抱えてしまうことがしばしばあった。

うちの人工採卵方式は外国の学者が考え出した技術を国の養殖研究所の技術者が自分で実験して成功したものである。その技術をうちの技師が国の養殖研究所に行き学び取ってきたものだ。まず、オスのチョウザメに「シロザケ」の脳下垂体を注射して24時間後に総排泄口《そうはいせつこう》から注射器で吸引して採精《さいせい》をする。

上：チョウザメをホールディングタンクへ
下：酢酸で書かれた標識

採精した精子を氷か冷蔵庫の中で4℃くらいに保っておけば10日くらいは受精能力が保たれる。次に熟卵を持ったと思われるメスのチョウザメにＬＨＲ（黄体放出《おうたいほうしゅつ》ホルモン）を注射して30時間後に卵を少し放出し始めたら「ホールディングタンク」（チョウザメの産卵用に造られた麻酔用のホールディングタンク）から親を取り上げ圧搾により卵をステンボールの中にしぼり出す。しぼり出した卵に精子をかけて受精させるのだが先にも述べたように多重受精をさけるために受精させる前に精子を１００倍に希釈して、その希釈精子と卵を受精させる。受精した卵は卵割を始めるが、その卵が熟卵（正常な受精ができる卵）でない場合、たとえば未熟卵（まだ熟していない卵）や過熟卵（熟卵を過ぎてしまった卵）では、卵割の途中で発生が止まってしまう場合もある。またチョウザメの卵は粘液が多いので受精卵をそのままニジマスのふ化盆に入れると卵と卵がくっついてダンゴ状になり、卵が呼吸できずすべて死卵になってしまうことがしばしばあった。そこで担当者が考え出した方法は、粘土を用いてチョウザメ卵の粘液を取り除く方法であった。受精卵と粘土をステンボールに一緒に入れて、水の中で長々と30分から1時間くらいかき混ぜた。この方法で少しはふ化率が上がってきた。

これらの作業が上手くいくと2~3日でオタマジャクシにそっくりの稚魚がコンクリートのマス稚魚池にびっしりと生まれてくる。それからが、チョウザメ飼育の始まりである。

その後、ミジンコやマス稚魚の初期飼料やコイの配合飼料を使ってチョウザメを養っていくのである。――これは、我々が昭和58年（１９８３）から養ったベステルについて書いたもので、最近作られているキャビアは我々の研究を引き継いだ若い技術者たちががんばってシロチョウザメから開発したものである。

あとがき

ともかく昭和23年に赤江《あかえ》の稲荷山の下にできた「淡水」は多くの人達の努力によって今の宮崎県の内水面漁業の振興を押し進めてきた。その事柄を２等兵の私が書くのはおこがましいと思うがこれらの事実を知っている人が書き残しておくべきであるとずっと前から考えていた。初代の日高《ひだか》所長は「淡水」を去った後、国の淡水区水産研究所《たんすいくすいさんけんきゅうしょ》の所長をし、日本でも優秀な水産研究者を数多く育ててきた。私も淡水区水産研究所の偉い先生から我々は日高所長の下に共に働いた者だと言われたことがある。日高所長は淡水区水産研究所から東海区水産研究所《とうかいくすいさんけんきゅうしょ》の所長を歴任して日本の水産業の研究を推し進めていった。また２代目の今村《いまむら》所長はこの物語に出てくる「東郷養魚場」から努力して淡水の所長になり退職後は宮崎市で「あたごやま荘」と言う淡水魚の料理屋を開いた。３代目の日南出身の熱田《あつた》所長は淡水を退職後県の環境関係の出先機関で努力した。４代目の児玉《こだま》所長は水産関係の機構改革で、昭和45年に発足した宮崎県水産試験場の初代場長で宮崎の水産の為に並々ならぬ努力をした。淡水最後の所長の鮫島《さめじま》所長は新しく青島の折生迫《おりゅうざこ》にできた水産試験場の増養殖《ぞうようしょく》部長になり宮崎県の水産の増養殖関係の研究の指揮を執った。

私は「淡水」を去った後、初めて研究職から行政職という未経験の分野に足を踏み入れることになる。県の水産課の生産普及係《せいさんふきゅうがかり》に「淡水」にいた年上の佐藤《さとう》さんと日南分場から来た橋口《はしぐち》係長の下に座ることになる。そこは今までの淡水魚を対象にした研究分野とは違い宮崎県民が相手でもし失敗すれば即その結果が県民に出てくるし、何もしないでいれば役所が持っている権利や予算（お金）をもぎ取ろうと悪いやからが押し寄せてくる大変な場所であった。私も1年半くらいでその重圧に押しつぶされて廃人となった。それを心配した淡水の初代所長をした日高《ひだか》さんが、水産試験場の方に移動するように配慮してくれたと聞いている。かくしてまた大好きな淡水魚の研究に打ち込むようになる。その後は綾試験地《あやしけんち》の主任研究員から水産試験場の増養殖科長を経て小林分場の主任や延岡分場の主任や栽培漁業センターの主任ができたのも、大学を卒業して初めて入った「淡水漁業指導所」で魚の養い方を教えてもらったことが大変大きいと思うのである。

今回の本も、長い制作工程を要することになった。お世話になった牧歌舎の方々と、担当の吉田光夫さんに感謝したい。

■著者註解

淡水ゴルフ場 現在は台湾ゴルフクラブ。台湾でもっとも歴史の長いゴルフ場で、90年の歴史を持つ。淡水河の河口部の丘に建ち、強い風が河口と海から吹き付け、コース両側には濃密な樹林がある。

航空大学校 航空機操縦士を養成する教育訓練機関。運輸省の付属機関として設立されたが、2001年（平成13年）4月1日に独立行政法人化され、国土交通省所管の独立行政法人航空大学校となった。当初は宮崎本校のみであったが、志願者の増加と共に、仙台分校と帯広分校を設置した。

コイ仔 コイの親魚から採卵ふ化させた3～10㎝ほどのコイの子。

シラスウナギ ウナギの稚魚。細長く透明な体。

澱粉工場排水 澱粉製造は多量の水を使用し、工場からの排水量が多く、またその排水はＢＯＤ（生物化学的酸素要求量）濃度が非常に高いため、公共用水域へ排水するためには、排水基準を満たす処理を行う必要がある。工場排水については、環境負荷の軽減と国民の健康の保護を図るため、水質汚濁防止法により、一定基準以内の水質の遵守が義務づけられている。

へい死　生物が突然死ぬことを指す。魚類の場合、酸欠、有害物質による中毒、毒性物質の摂取などにより起こる。

チョウザメ　チョウザメ科の魚。古代魚。大きな鱗の形がチョウに似ている。体長は普通1・3m。体はやや円筒形で、吻はやや延長し、口は下面にある。珍味として知られるキャビア

発眼卵　発生が進み、目に黒色色素が沈着し、卵膜をとおして肉眼で目が認められるようになった魚卵。

宮崎日日新聞科学賞　宮崎日日新聞の創刊25周年を記念して昭和40年から設定されたもので、宮崎県の自然・人文分野において優れた功績を挙げ、県民の幸福や発展に寄与した個人・団体の中から、宮崎日日新聞社内に設置された選考委員会が選考し、授与されるもの。社会賞、文化賞、産業賞、教育賞、科学賞、国際交流賞がある。

ワムシ　輪形動物の総称。体長0・05～2㎜で少数の海産種を除き、大部分が湖や池のプランクトンとして生活。体の前端の繊毛で遊泳する。

ソウギョ　草魚。コイ科に分類される中国原産の淡水魚。日本の自然環境の中では、水草を食する魚として知られており、環境省により要注意外来生物に指定されている。

レプトケファルス　成長したウナギなどの魚類の幼生。平たく細長く透明で、大きさは5㎝前後かそれ以下から1mを超す場合もある。ウナギやアナゴ、ハモなどのウナギ目のものが有名でウナギは成長後にはレプトケファルス期の約18倍の大きさになる。

テラピア　スズキ目カワスズメ科に属す魚の一部を指す和名。原産地はアフリカと中近東であるが、食用にするため世界各地の河川に導入された。雑食性。縄張りに侵入してくる他の魚を執拗に攻撃する。

ミゼット　戦後ダイハツ工業が生産し人気を集めた三輪自動車である。Midget は英語で「超小型のもの」を指す単語。

ゴイサギ　目が赤い。他のサギ類のように眼先に羽毛が無く、青みがかった灰色の皮膚が見える。嘴の色は黒い。後肢の色彩は黄色。ずんぐりした格好だが、都会では住宅の庭の池からよく金魚などが狙われる。

陸封型　魚類の生態型の一つ。成長しても海へ下らず一生を淡水域で生活するもの。ヒメマスはベニザケの、ヤマメはサクラマスの陸封型。現在は残留型といわれる。

ドナルドソン博士　ワシントン大学名誉教授。降海型のスチールヘッドと大型のニジマス選抜個体を交配し、30年以上をかけた品種改良の結果得られた系統がドナルドソン系ニジマスと呼ばれる。

グアニン色素　魚の銀色っぽいメタリックな光沢は、虹色色素胞中のグアニンの結晶の積層構造による光の干渉から生まれる。グアニンには色はないが、可視光線をほぼ完全に反射するから銀色に見える。

種苗　農林産物の種や苗だけでなく、水産物の繁殖・養殖に用いられる卵・稚魚なども指す。

ツツガムシ　ツツガムシ科のダニの総称。日本では約１００種が知られる。成虫は赤色、幼虫はオレンジ色をしている。幼虫は脊椎動物し孵化後、生涯に一度だけ哺乳類などの皮膚に吸着して組織液、皮膚組織の崩壊物などを吸収する。十分摂食して脱落、脱皮した後の第一若虫、第二若虫および成虫には脊椎動物への寄生性はなく、昆虫の卵などを食べる。０・１～３％の個体がツツガムシ病リケッチアを保菌しており、これに吸着されるとツツガムシ病に感染する。

チョウザメ　チョウザメ科の魚。古代魚。大きな鱗の形がチョウに似ている。体長は普通１・３ｍ。体はやや円筒形で、吻はやや延長し、口は下面にある。珍味として知られるキャビアはこの魚の卵から作る。

ヌエ　『平家物語』などを通してわが国に伝承される妖怪的動物。サルの顔、タヌキの胴体、トラの手足を持ち、尾はヘビ。文献によっては胴体については何も書かれなかったり、胴が虎で描かれることもある。また、『源平盛衰記』では背が虎で足がタヌキ、尾はキツネになっており、さらに頭がネコで胴はニワトリと書かれた資料もある。

短日処理　飼育池を遮蔽することで日照時間を短くする方法。

乾導法　採卵をする時に水が入らないように布で魚を拭き卵と精子を取り出したものをリンゲル液で受精させる。

ゲザガード　プロメトロン系水和剤（ゲザガード５０）メーカーは日本化学。

分散器　酸素ボンベから流れてきた酸素を水槽内で分散させる器具のこと。

重油バーナー　重油を燃料としたバーナーのこと。

生簀養魚　ダム等に生簀を浮かべてその中で魚を養う。

系代培養　同系統のニジマスから採卵飼育を行い親魚を作ってそのニジマスから採卵すること。

純系培養　その同一系統だけを飼育すること。

亜種　たとえばアユは一属一種であるが亜種にリュキュウアユがある。

口腔哺育　口の中で稚魚を育てること。

水生昆虫　タガメ、ゲンゴロウ、トンボの幼虫（ヤゴ）、水カマキリ、ゲンジボタルなどをいう。

網生簀養魚法　網生簀をダム等に浮かべその中でコイ等を飼う方法。

ペヘレイ　南米のアルゼンチンが原産で神奈川県水産試験場の「鈴木氏」が日本に移入した。

■「淡水漁業指導所夢物語」の登場人物

（1）日高武逵《たけみつ》　氏（初代所長）
（故人）宮崎県西米良村に生まれる（明治43年〜平成8年）。宮崎中学校（宮崎大学・宮崎高等学校の前身）出身。東京大学農学部を卒業して台湾総督府水産試験場から兵役で中支那やジャバ（現在インドネシア）を経て戦後宮崎県淡水漁業指導所を発足させた。その後は国の淡水区水産研究所から各地の研究指導施設の所長を歴任している。

（2）今村清作　氏（2代目所長）
（故人）東郷町の養魚場よりたたきあげて淡水の所長まで勤めて退職後は宮崎市で「あたごやま荘」という淡水魚の料理屋を開いた。

（3）熱田　寮　氏（3代目所長）
（故人）宮崎県日南市の出身で東京水産大学卒で宮崎県水産課を経由して「淡水」の所長をした。

（4）児玉琢次　氏（4代目所長）
（故人）西都市の出身で元陸軍中尉で昭和45年に発足した「宮崎県水産試験場」の初代場長である。

（5）鮫島実雄　氏（5代目所長）
枕崎市出身で枕崎水産高校を出て「淡水」に入り「小林総合養魚場」の初代主任である。

（6）島田久之　氏（庶務係長）
宮崎出身で「宮崎県庁」から「淡水」に移り「庶務主任」であった。

（7）浜山奈良蔵　氏（淡水の小使いさん）
（故人）「淡水」の用務員で赤江の浜の網元の息子で網修理のベテランであった。

（8）宇宿　進　氏（指導係長）
（故人）鹿児島県出身で「枕崎水産高校」から「県の水産課」を経て「淡水」にきた。都城養魚場の主任もした。

（9）深田　忠　氏（技師）
（故人）種子島の出身で「枕崎水産高校」をでて「淡水」に入り、高千穂養魚場の主任も歴任した。

(10) 米山秀一　氏（調査係長）
宮崎の高鍋町出身で下関にあった「水産高等研修所」をでて「淡水」へ。「淡水」廃止後は「宮崎県内水面漁業公社」に主幹として出行した。趣味はゴルフであった。

(11) 佐藤孝和　氏（技師）
「枕崎水産高校」をでて「土々呂の沿岸漁業指導所」や「水産課」を経て「淡水」へ現在は枕崎市の方に帰郷した。

(12) 藤原　進　氏（技師）
（故人）大分県の国東半島の出身で「神奈川県水産課」から「小林総合養魚場」に来て「淡水の本所」に移った。淡水廃止後は「宮崎県水産試験場」の増養殖科長になった。

(13) 平島重穀　氏（技術員）
（故人）福岡県出身で戦後すぐに「淡水」へ淡水廃止後は「水産試験場綾試検地」に移った。

(14) 恒吉清一　氏（用務員）
（故人）宮崎の赤江の出身でかなり早くから「淡水」に入り「淡水」廃止後は「宮崎県水産試験場」に移った。

(15) 年見博夫　氏（用務員）
（故人）宮崎出身で延岡市にある「恒富高校」をでて早くから「淡水」に入り淡水廃止後は「宮崎県水産試験場綾試検地」の官舎に入った。

(16) 川越　繁　氏（用務員）
（故人）宮崎県出身でアルコール中毒になり淡水廃止後は宮崎県水産試験場の本場に移ったが41歳の若さでこの世を去った。

(17) 石橋　制（オサム）氏（技師）
福岡県出身で「長崎大学水産学部卒」で「小林総合養魚場」に入り淡水廃止後は「宮崎県水産試験場」に移った。

(18) 太田開之（ハルユキ）氏（技師）
（故人）宮崎市赤江出身で「淡水」の本所から「小林総合養魚場」に移り淡水廃止後は「綾試検地」の主任をした。

(19) 上之薗静雄　氏（用務員）
（故人）小林市出身で「小林総合養魚場」の用務員であった。淡水廃止後は「宮崎県水産試験場小林分場」に残った。

(20) 鳥越清次　氏（用務員）
「小林総合養魚場」の用務員で入り淡水廃止後は「宮崎県水産試験場綾試検地」に移った。

(21) 西田　司　氏（用務員）
（故人）「小林総合養魚場」の用務員で入り淡水廃止後は「宮崎県水産試験場小林分場」に残った。

(22) 森　繁喜　氏（指導係長）
（故人）枕崎出身で「枕崎水産高校」をでて「宮崎県水産課」を経て「淡水」に帰ってきて「都城養魚場」の主任や淡水廃止後は「宮崎県水産試験場小林分場長」を歴任した。

(23) 浜砂忠一　氏（用務員）
淡水時代から「米良養魚場」の用務員で淡水廃止後も「宮崎県水産試験場米良試験地」に残った。

(24) 有島　保　氏（指導係長）
宮崎の都城出身で「下関水産大学校」を出て「宮崎県水産課」を経て「淡水」に入った。淡水廃止後は「宮崎県水産試験場」の食品利用科で研究を行なった。

(25) 鳥越正男　氏（用務員）
小林市出身で「小林総合養魚場」の用務員で淡水廃止後は「宮崎県水産試験場小林分場」に残った。

(26) 川上一郎　氏（主幹？）
（故人）「東京水産大学」卒で「遠洋漁業指導所長」や「沿岸漁業指導所長」を経て「淡水」に来た。淡水で退職されたと思う。

淡水漁業指導所夢物語
——宮崎から世界へ！　養殖に賭けた男たちのロマン

2015年12月18日　初版第1刷
著　者　中川　豊
発行所　株式会社 牧歌舎
〒664-0858　兵庫県伊丹市西台1-6-13 伊丹コアビル3F
TEL.072-785-7240　FAX.072-785-7340
http://bokkasha.com　代表：竹林哲己
発売元　株式会社 星雲社
〒112-0012　東京都文京区大塚3-21-10
TEL.03-3947-1021　FAX.03-3947-1617
印刷・製本　株式会社 ダイトー

ISBN978-4-434-21534-6　C0095